Samuel Kwatia
Victoria P. Dzogbefia

Produção de amilase em fermentação em estado sólido usando Aspergillus niger

Samuel Kwatia
Victoria P. Dzogbefia

Produção de amilase em fermentação em estado sólido usando Aspergillus niger

Abordagem estatística para otimizar a amilase produzida por Aspergillus niger em resíduos agrícolas

ScienciaScripts

Imprint

Any brand names and product names mentioned in this book are subject to trademark, brand or patent protection and are trademarks or registered trademarks of their respective holders. The use of brand names, product names, common names, trade names, product descriptions etc. even without a particular marking in this work is in no way to be construed to mean that such names may be regarded as unrestricted in respect of trademark and brand protection legislation and could thus be used by anyone.

Cover image: www.ingimage.com

This book is a translation from the original published under ISBN 978-620-2-06587-0.

Publisher:
Sciencia Scripts
is a trademark of
Dodo Books Indian Ocean Ltd. and OmniScriptum S.R.L publishing group

120 High Road, East Finchley, London, N2 9ED, United Kingdom
Str. Armeneasca 28/1, office 1, Chisinau MD-2012, Republic of Moldova, Europe
Printed at: see last page
ISBN: 978-620-7-86834-6

Índice

Reconhecimento

Agradecemos a ajuda dos técnicos de laboratório da Faculdade de Agricultura, do Departamento de Biologia Teórica e Aplicada e do Departamento de Química da Universidade de Ciência e Tecnologia Kwame Nkrumah, Kumasi, Gana.

Capítulo 1

1.1 Introdução

As amilases hidrolisam as moléculas de amido para produzir vários produtos que incluem dextrinas e polímeros gradualmente mais pequenos compostos por unidades de glucose (Reddy, Nimmagadda, & Rao, 2003). Duas categorias que foram identificadas e cuidadosamente examinadas são as endoamilases e as exoamilases (Aiyer, 2005; Reddy et al., 2003). Na sua ação, as amilases hidrolisam as ligações entre unidades de glucose próximas para produzir produtos que são característicos do tipo de amilase em causa (Aiyer, 2005). As indústrias cervejeira, de processamento de amido, têxtil, de panificação e de detergentes utilizam a amilase nas suas produções (Johnson, Obeng, & Asirifi, 2014) devido ao seu papel vital na hidrólise do amido e à utilização da sua ação hidrolítica (Sundarram & Murthy, 2014). Nos tecidos de armazenamento, como as sementes, a hidrólise do amido é utilizada para satisfazer as necessidades energéticas das plântulas em crescimento (Saranraj & Stella, 2013). A potencial importância tecnológica e os lucros económicos das amilases fizeram com que recebesse muita atenção nos países em desenvolvimento (Suganthi et al., 2011). Atualmente, a amilase ocupa quase 25 - 33% do mercado de enzimas (Sakthi, Kanchana, Saranraj, & Usharani, 2012).

Os investigadores têm explorado vários microrganismos pelos seus materiais enzimáticos extracelulares, uma vez que estes podem ser potenciais para utilização em processos biotecnológicos industriais (Suganthi et al., 2011). Os bolores são identificados como produtores de grandes quantidades de amilase (Suganthi et al., 2011) e, entre estes, *o Aspergillus niger* é considerado uma das fontes mais críticas de amilases industriais (Sakthi et al., 2012). Numa escala comercial, a amilase fúngica tem sido relatada como sendo mais estável do que a amilase bacteriana (Suganthi et al., 2011); isto tem, portanto, exigido várias pesquisas para otimizar as condições de cultura de estirpes fúngicas adequadas (Abu, Ado, & James, 2005), embora os mecanismos envolvidos no desenvolvimento e secreção de enzimas extracelulares em fungos sejam indistintos (Suganthi et al., 2011).

A produtividade, a capacidade de manipulação genética (Dar, Kamili, Nazir, Bandh, & Malik, 2014), a provável natureza ubíqua e a necessidade nutricional não exigente do *Aspergillus niger* centraram os estudos de amilases produzidas por fungos nos países em desenvolvimento neste organismo (Suganthi et al., 2011). O estatuto geralmente considerado seguro (GRAS) das amilases fúngicas torna-as mais preferidas do que outras fontes microbianas (Dar et al., 2014). Além disso, a sua atratividade como fontes industriais de enzimas amilolíticas resulta das características de desenvolvimento dos fungos, tais como a capacidade de tolerar condições de baixa atividade da água, o seu estilo de desenvolvimento hifal e a tolerância ao aumento da pressão osmótica, o que os torna mais competentes para a bioconversão de substratos sólidos (Dar et al., 2014).

A fermentação em estado sólido tem um potencial absoluto para a produção de enzimas (Pandey, Selvakumar, Soccol, & Nigam, 1999), particularmente quando são utilizados fungos (Bhargav, Panda, Ali, & Javed, 2008). É normalmente utilizada nos procedimentos em que a fonte de enzima é utilizada diretamente como enzima bruta (Pandey et al., 1999). Normalmente, a humidade necessária para o desenvolvimento microbiano ocorre num estado absorvido ou num composto com matriz condensada (Bhargav et al., 2008). A fermentação em estado sólido tem como objetivo fazer com que os fungos cultivados interajam com um substrato insolúvel para obter a concentração máxima de nutrientes para fermentação a partir do substrato utilizado (Bhargav et al., 2008). Os países com abundância de resíduos agro-industriais e biomassa têm a possibilidade de beneficiar imensamente da fermentação em estado sólido, uma vez que estes podem ser utilizados como fontes baratas de matérias-primas (Suganthi et al., 2011). Até agora, a fermentação em estado sólido para a produção de enzimas é executada em pequena escala, mas tem várias vantagens em relação à fermentação submersa; a produção volumétrica é elevada, a concentração do rendimento é comparativamente elevada, a recuperação económica dos produtos, a produção de menos efluentes, o investimento de fundos é menor e o equipamento de fermentação é simples (Pandey et al., 1999). A exploração dos benefícios económicos e ambientais da fermentação em estado sólido para a produção de enzimas é, no entanto, bastante limitada (Pandey et al., 1999).

Tradicionalmente, as variáveis do processo na produção de enzimas são optimizadas através da variação de um fator, mantendo os outros factores constantes, ou seja, "Uma variável de cada vez" (OVAT) (Khusro, 2015; Levin, Herrmann, & Papinutti, 2008). No entanto, estes estudos de otimização não são capazes de mostrar o efeito interativo das variáveis do processo no resultado, apesar do facto de as interacções entre estas variáveis do processo no resultado final não poderem ser demasiado enfatizadas, especialmente em qualquer reação bioquímica (Levin et al., 2008; Prajapati, Trivedi, & Patel, 2015). O método de otimização de variável única (OVAT) tem sido caracterizado como um processo tedioso, demorado, caro e com alta tendência à má interpretação dos resultados devido à sua incapacidade de mostrar amplamente como os parâmetros afetam o processo envolvido (Baş & Boyaci, 2007a, 2007b; Gangadharan, Sivaramakrishnan, Nampoothiri, Sukumaran, & Pandey, 2008; Jia et al., 2015; Khusro, 2015). O emprego da Metodologia de Superfície de Resposta (RSM) para estudos de otimização pode superar esses inconvenientes (Baş & Boyaci, 2007b; Prajapati et al., 2015). O Design Composto Central da RSM provou ser uma técnica eficaz e flexível que pode ser usada para identificar e quantificar as várias interações entre as variáveis do processo (parâmetros) com menos execuções experimentais (Francis et al., 2003; Shankar, Sathees, & Anandapandian, 2015). Utilizando o desenho fatorial e a análise de regressão, a Metodologia de Superfície de Resposta avalia os factores eficazes, constrói modelos para investigar o efeito combinado das variáveis (parâmetros) do processo e prevê as melhores condições destas variáveis (parâmetros) para o resultado (máximo/mínimo) desejado (ou seja, a produção de enzimas) (Abo-zaid, Wagih, Matar, Ashmawy, & Hafez, 2015).

1.2 O problema da aquisição de enzimas nos países em desenvolvimento (África)

Nos países industrializados, a amilase é produzida em quantidades económicas para actividades industriais, utilizando organismos fúngicos que são cultivados em resíduos agrícolas, tais como farelo de trigo ou farelo de arroz (Khan & Yadav, 2011; Nyamful, Moses, Ankudey, & Woode, 2014; Sajjad & Choudhry, 2012; Siddique et al, 2014), no entanto, vários países em desenvolvimento, como o Gana, têm prestado pouca atenção à utilização de fungos como o *Aspergillus niger* para produzir amilase para actividades industriais, apesar da abundância destes resíduos agrícolas.

O resultado é a importação destas enzimas; que tendem a perder a sua estabilidade quando armazenadas durante algum tempo (Dzogbefia, Amoke, Oldham, & Ellis, 2001) devido às flutuações irregulares de energia no país; a um custo elevado para as actividades industriais (Johnson et al., 2014). Além disso, os alimentos básicos ricos em amido, como o milho, o arroz, o painço e o sorgo, são utilizados pelas indústrias locais de fermentação em pequena escala como fontes de amilase para a hidrólise do amido (Nyamful et al., 2014). O envolvimento de grandes indústrias na utilização destas fontes de alimentos básicos exigirá uma enorme utilização dos alimentos básicos, causando um potencial aumento dos preços destes alimentos e afectando assim negativamente a segurança alimentar. Por conseguinte, é necessária a produção local de uma amilase comercial que possa ser disponibilizada a estas indústrias locais mediante pedido. Além disso, as aplicações estatísticas, como o desenho composto central de RSM, têm sido rotuladas como uma ferramenta eficiente que pode ser utilizada para aumentar o resultado dos processos bioquímicos com um custo de produção mínimo (Baş & Boyaci, 2007b).

Vários investigadores relataram a utilização bem sucedida de resíduos agrícolas na fermentação em estado sólido para produzir amilase industrialmente competente utilizando uma fonte local de *Aspergillus niger* (Bhargav et al., 2008; Nyamful et al., 2014; Pandey et al., 1999). Os resíduos agrícolas, como as cascas de inhame, são abundantes no Gana. De acordo com o Ministério da Alimentação e Agricultura (MOFA, 2012), no Gana, são produzidas anualmente cerca de 5.778 toneladas de inhame. Os resíduos (cascas) que são gerados a partir do consumo destes inhames poderiam ser colocados numa utilização alternativa; como suporte sólido (substrato) para a produção local de amilase.

A produção máxima de amilase a um custo reduzido é realizada através do melhoramento da estirpe ou da otimização dos parâmetros do processo (Prajapati et al., 2015). Neste sentido, o presente estudo tem como objetivo otimizar o efeito do pH, da temperatura e do tempo de incubação na produção de amilase por *A. niger* cultivada em cascas de inhame em fermentação em estado sólido, utilizando o design composto central (CCD) da metodologia de superfície de resposta (RSM)

Capítulo 2

Várias indústrias geram enormes quantidades de resíduos a partir do processamento de matérias-primas agrícolas (Mussatto, Ballesteros, Martins, & Teixeira, 2012). Tem sido demonstrado que estes resíduos contêm compostos como proteínas, água, minerais e açúcares, que as indústrias podem utilizar para produzir alguns compostos de valor acrescentado (Mussatto et al., 2012). Estes componentes dos resíduos agrícolas tornam-nos adequados como substratos sólidos para utilização por microrganismos na produção de uma vasta gama de enzimas em vários nichos ecológicos (Kaur, Kumar, & Satyanarayana, 2004).

2.1 Amilases (E.C.3.2.1.0)

Vaidya, Srivastava, Rathore e Pandey (2015) descrevem a amilase como um termo que se refere à α-amilase, β-amilase e γ-amilase. O modo de clivagem da ligação glicosídica distingue as classes de amilase (Vaidya et al., 2015); As endoamilases clivam as ligações glicosídicas α, 1 - 4 que ocorrem dentro das cadeias de amilose e amilopectina, enquanto a clivagem dos resíduos de glicose fora das cadeias de amilose e amilopectina é realizada pela exoamilase (van der Maarel, van der Veen, Uitdehaag, Leemhuis, & Dijkhuizen, 2002).

2.2 Classificação das amilases

2.2.1 Alfa (α) amilase (E.C.3.2.1.1) (1, 4 - α - D glucanohidrolase)

A alfa-amilase cliva as ligações α - 1, 4 - glicosídicas internas nas moléculas de amido (Sundarram & Murthy, 2014; Vihinen & Mantsiila, 1989). A α-amilase é caracterizada pela sua ação aleatória quando ataca as ligações α-1,4 glicosídicas entre unidades de glucose adjacentes no polímero de amido (Rajagopalan & Krishnan, 2008). Esta ação aleatória produz produtos como a glucose, a maltose, a maltotriose e algumas dextrinas (Regulapati, Malav, & Gummadi, 2007). Liu et al., (2010) descreveram a α-amilase como tendo uma ação mais rápida do que a β-amilase devido à sua ação aleatória sobre o substrato. De acordo com (Vihinen & Mantsiila, 1989), a atividade hidrolítica da α-amilase não se restringe apenas às ligações α-1,4-glicosídicas, mas as ligações α-1,6-glicosídicas também podem ser degradadas por algumas α-amilases, embora as taxas de reação sejam muito inferiores às das ligações 1,4.

2.2.2 Beta (β) - Amilase (E.C.3.2.1.2) (1, 4 - α - D glucanmaltohidrolase)

A beta-amilase hidrolisa as ligações α-1,4 glucano localizadas na extremidade não redutora de uma cadeia de polissacarídeos para produzir sucessões de unidades de maltose (Sundarram & Murthy, 2014; Vaidya et al., 2015). A incapacidade da β-amilase de atuar sobre as ligações ramificadas leva à produção de dextrinas como resultado da hidrólise incompleta (Vaidya et al., 2015). Vihinen e Mantsiila (1989) destacaram a dificuldade na triagem de fontes microbianas de β-amilases; isso, eles atribuem à presença de outras atividades amilolíticas que impedem a descoberta das β-amilases, portanto, a maior parte da triagem foi facilitada pelo uso de inibidores de α-amilase (Irshad & Sharma, 1986; Murao, Ohyama, & Ad, 1979).

2.2.3 Gama (γ) Amilase (E.C.3.2.1.3) (Glucoamilase)

A gama-amilase actua nas ligações α-1, 6-glicosídicas e cliva as últimas ligações α-1, 4-glicosídicas na extremidade não redutora da amilopectina e da amilose, produzindo glucose com um mecanismo de deslocamento único (Sundarram & Murthy, 2014; Vaidya et al., 2015). De acordo com Sivaramakrishnan, Gangadharan, Nampoothiri, Soccol e Pandey (2006), a γ-amilase tem um pH ótimo de 3 e, assim, ao contrário de outras formas de amilases produtoras de glucose, é muito eficiente em ambientes ácidos.

2.3 Modo de ação das amilases

Uma das aplicações industriais mais importantes das reacções enzimáticas é a hidrólise do amido catalisada pela amilase (Gupta, Gigras, Mohapatra, Goswami, & Chauhan, 2003). De acordo com Bijttebier, Goesaert e Delcour (2008), certas propriedades do amido específico (por exemplo, grau de gelatinização) e características específicas da amilase tornam o amido mais ou menos suscetível ao ataque da amilase. Foram distinguidos vários aspectos dos padrões de ação da amilase (Bijttebier et al., 2008). Um aspeto descreve o mecanismo de ação das amilases (ou seja, a hidrólise das ligações glucosídicas à escala molecular); este inclui o mecanismo de deslocamento duplo e o mecanismo de deslocamento simples (Davies, Wilson, & Henrissat, 1997) e o outro aspeto são as propostas de acções da amilase que incluem o ataque de ação múltipla e de ação aleatória (Bijttebier et al., 2008). van der Maarel et al. (2002) insiste que o mecanismo de catálise que é geralmente aceite é o método de duplo deslocamento com retenção de α.

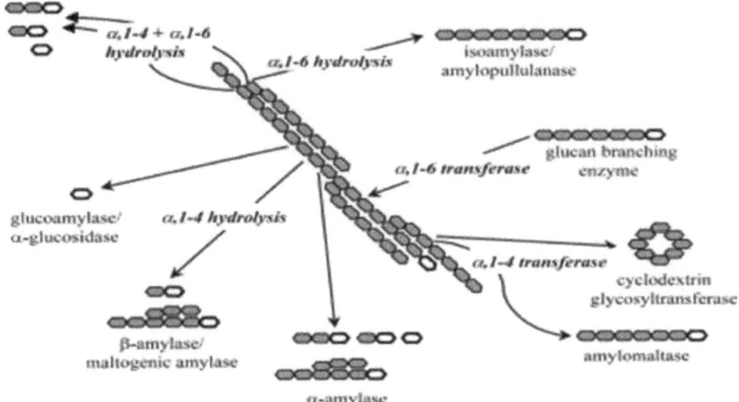

Figura 1: Envolvimento de diferentes enzimas na hidrólise do amido. A estrutura em anel aberto representa a extremidade redutora de uma molécula de poliglicose (van der Maarel et al., 2002

2.4 Estrutura do amido

A molécula de amido é constituída por polímeros de glucose, estando estas unidades de glucose interligadas através do oxigénio do carbono 1, conhecido como ligação glicosídica. A ligação glicosídica hidrolisa-se em pH baixo, mas estabiliza-se quando o pH é elevado (van der Maarel et al., 2002). Os polímeros de glucose: a amilose e a amilopectina são os componentes dominantes das moléculas de amido.

O polímero de amilose contém cerca de 6000 unidades lineares de glucose unidas por ligações glicosídicas α - 1,4. A origem do amido e o grau de polimerização (DP) determinam o número de resíduos de glucose (van der Maarel et al., 2002). Normalmente, o teor de amilose é de 20 a 25%, mas é possível uma variação entre 0% e 75% (van der Maarel et al., 2002).

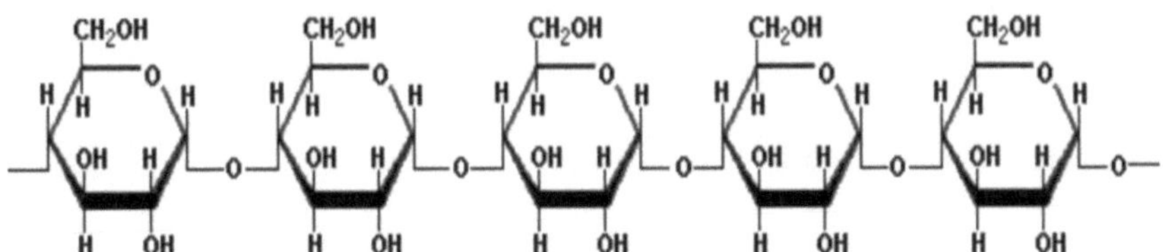

Figura 2: Estrutura química da amilose

(Fonte: http:/www.scientificpsychic.com/fitness/carbohydrates1.html)   A   amilopectina

possui cadeias curtas lineares com ligações α-1,4 e cadeias ramificadas com ligações α-1,6, com unidades de glucose de 10-60 e 15-45, respetivamente. A origem botânica determina os pontos de ramificação na amilopectina, no entanto, é registado um valor médio de 5%. O facto de a amilopectina possuir cerca de 2.000.000 de unidades de glucose faz dela uma das maiores moléculas da natureza (van der Maarel et al., 2002).

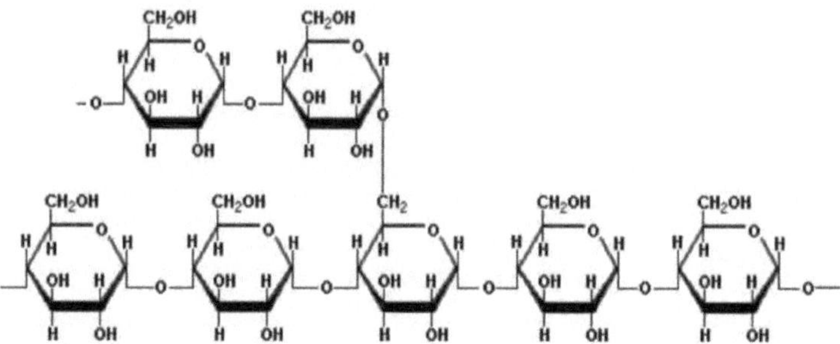

Figura 3: Estrutura química da amilopectina

*(Fonte: **www.scientificpsychic.com/fitness/carbohydratesl.html**)*

As regiões amorfa e cristalina formam a organização dos grânulos de amido (van der Maarel et al., 2002). A amilopectina domina a região cristalina dos amidos provenientes de raízes e tubérculos, enquanto a amilose ocupa as regiões amorfas (van der Maarel et al., 2002). Esta situação é semelhante à dos amidos de cereais, exceto que a amilose está aqui associada a lípidos (van der Maarel et al., 2002).

2.5 Propriedades bioquímicas das amilases

2.5.1 Especificidade do substrato

Os substratos sobre os quais a α-amilase actua variam entre microrganismos (Saranraj & Stella, 2013); geralmente, a ordem decrescente de especificidade do substrato é amido > amilose > amilopectina > ciclodextrina > glicogénio > maltotriose (Gupta et al., 2003).

2.5.2 pH ótimo e estabilidade

A gama de pH entre 2 e 12 é a gama de pH óptima para α - amilases (Saranraj & Stella, 2013); no entanto, foram encontradas gamas de pH óptimas neutras a ácidas na maioria das α - amilases bacterianas e fúngicas (Saranraj & Stella, 2013). Um pH ótimo de 3 foi observado em *Alicyclobacillus acidocaldaricus* em contraste com um pH ótimo de 9 a 10,5 que foi

relatado para *Bacillus spp* alcalofílico (Becks et al., 1995). Um pH ótimo de 11 a 12 de uma
α-amilase extremamente alcalofílica de *Bacillus spp* foi relatado (Becks et al., 1995). Saranraj
e Stella (2013) sublinharam o facto de estes ótimos de pH observados terem sido por vezes
atribuídos à dependência da temperatura e do cálcio. A estabilidade da α-amilase é geralmente
observada entre intervalos de pH de 4 a 11 (Saranraj & Stella, 2013).

2.5.3 Temperatura e estabilidade óptimas

O crescimento do microrganismo está correlacionado com a temperatura óptima da amilase
(Saranraj & Stella, 2013). A temperatura da amilase de *Fusarium oxysporum* de 25 - 30º C
foi relatada como sendo a mais baixa e as arqueobactérias, *Pyrococcus furiosus* e *Pyrococcus
woesei*, possuem as faixas de temperatura mais altas relatadas de 100 e 130º C,
respetivamente. A presença de cálcio, outros estabilizadores e substratos estão entre outros
factores que afectam a termoestabilidade das amilases (Saranraj & Stella, 2013).

2.5.4 Peso molecular

Verificou-se que as amilases variam entre 10 e 210 kDa, de *Bacillus caldolyticus* e
Chloroflexus, respetivamente (Saranraj & Stella, 2013). A partir da dedução de sequências de
aminoácidos e análise de genes de amilase clonados, Moraes, Astolfi-Filho e Ulhoa (1999),
relataram uma faixa usual de 50 a 60 kDa para os pesos moleculares de amilases microbianas

2.5.5 Inibidores

De acordo com Gupta et al., (2003), as amilases são inibidas por muitos metais pesados; em
particular, reagentes do grupo sulfidrilo, iões de metais pesados, iodoacetato, hidroxilo,
albumina de soro bovino (BSA) e ácido etilenodiamino tetraacético (EDTA).

2.5.6 Cálcio e estabilidade da α-amilase

A α-amilase é identificada como uma metaloenzima que contém tanto ou mais do que um ião
Ca^{2+} (Vallee, Stein, Summerwell, & Fischer, 1959). Os iões de cálcio (Ca^{2+}) possuem uma
afinidade muito mais forte para a α-amilase do que outros iões e a quantidade de cálcio que
se liga varia entre um e dez (Gupta et al., 2003). A diálise por eletrodiálise ou contra EDTA
pode ser utilizada para remover o Ca^{2+} das amilases e a reativação de enzimas sem cálcio
também é possível adicionando iões Ca^{2+} (Gupta et al., 2003). Foram realizados estudos sobre
a substituição de iões Ca^{2+} por outros iões, como Sr^{2+} e Mg^{2+} (Heinen & Lauwers, 1975;
Oikawa, 1959). De acordo com Vihinen e Mantsiila (1989), as α-amilases são muito mais

termoestáveis na presença de Ca^{2+} do que sem ele.

2.6 Métodos de medição da atividade da amilase

Os amidos modificados ou solúveis são normalmente utilizados como substratos nos métodos de ensaio da amilase (Gupta et al., 2003). A atividade catalítica da α-amilase é monitorizada por um aumento dos níveis de açúcar redutor ou por uma diminuição da cor do iodo do amido do substrato em investigação (Gupta et al., 2003). O ensaio do ácido dinitrosalicílico (DNS) ou o método de Nelson - Somogyi são maioritariamente utilizados para medir a quantidade destes açúcares redutores (Najafi & Kembhavi, 2005). A redução da cor do iodo da amostra tratada também se centra no desenvolvimento da cor resultante da ligação do iodo aos polímeros de amido (Xiao, Storms, & Tsang, 2006). A cor que corresponde a este desenvolvimento é então medida numa gama de 550nm a 700nm utilizando um espetrofotómetro UV-visível (Fuwa, 1954). As enzimas são testadas em condições de ensaio como a temperatura de incubação, o tempo de incubação, o pH e, por vezes, a concentração de iões de cálcio para a estabilidade térmica (Yoo, Hong, & Hatch, 1987).

2.6.1 Diminuição da intensidade da cor do amido - iodo

A formação de um complexo azul profundo em resultado da reação do amido com o iodo e de uma hidrólise avançada do amido que conduz a uma mudança de cor para castanho, descreve este ensaio

(Hollo & Szeitli, 1968). A medição da atividade da amilase com base neste método foi descrita utilizando vários procedimentos (Gupta et al., 2003). Este método determina a atividade dextrinizante da α-amilase em termos de diminuição da reação de cor do iodo (Gupta et al., 2003).

2.6.2 Determinação da atividade de dextrinização da amilase

Este ensaio utiliza amido solúvel; após a reação ter sido terminada com ácido clorídrico diluído, é adicionado iodo (Gupta et al., 2003). A medição a 620 nm é então utilizada para determinar a diminuição da absorvância em relação a um controlo de substrato (Gupta et al., 2003). A percentagem de diminuição da absorvância é considerada como uma unidade de amilase (Fuwa, 1954). Verificou-se que este método é limitado pela interferência dos componentes do meio, como o caldo lauria, a peptona, o licor de milho triptona e os compostos de tiol com o iodo do amido (Gupta et al., 2003). Manonmani e Kunhi (1999) referiram que o peróxido de hidrogénio e o sulfato de cobre podem ser utilizados para contrariar estas interacções. De acordo com Gupta et al. (2003), este método é mais vantajoso na medida em que é flexível, dá uma resposta rápida, tem taxas de amostragem elevadas e utiliza um aparelho simples.

2.6.3 Método do ácido dinitrosalicílico (DNS)

A atividade da amilase no amido também pode ser determinada pelo aumento dos açúcares redutores, utilizando ácido dinitrosalicílico (Bernfeld, 1955). Os componentes do DNS representam um desafio importante para este ensaio, destruindo a glucose e resultando na produção de uma perda de cor brilhante (Gupta et al., 2003). Para corrigir este defeito, Miller, (1959), desenvolveu um método modificado do método original do DNS de modo a inibir a oxidação do reagente. Para o efeito, substituiu os sais de Rochelle do DNS por sulfato de sódio a 0,05. Este ensaio melhorado foi então utilizado sem quaisquer outras modificações para medir os açúcares redutores (Gupta et al., 2003).

2.6.4 Degradação do substrato complexado com corantes

Trata-se de métodos que foram desenvolvidos para determinar a atividade da α-amilase utilizando diferentes tipos de substratos (Gupta et al., 2003). Estes métodos envolvem a complexação covalente do amido com um corante azul, como o azul brilhante Remazol R (Fuwa, 1954) ou o azul CibacronF3 G - A (Dhawale, Wilson, Khachatourians, & Mike, 1982). Dhawale et al., (1982) comentaram a simplicidade e a sensibilidade deste método para a determinação da α-amilase, em que mesmo quantidades ínfimas de glucose podem resultar em erros devido à contaminação do amido pelo substrato de dextrina. Wong, Batt e Robertson (2000) apresentaram um método de deteção da α-amilase baseado na reticulação do amido com um corante, que descreveram como sendo rápido e sensível, uma vez que permite detetar com êxito quantidades tão baixas como 0-50 ng de enzima. Gupta et al. (2003) referiram também outros substratos novos, como os derivados nitrofinílicos de maltosacáridos. Descreveram este método como sendo fiável, simples e exato, mas dispendioso, uma vez que implica a utilização de um substrato sintético e de enzimas específicas, limitando assim este método a análises específicas e não a análises de rotina.

2.6.5 Diminuição da viscosidade da suspensão de amido

Estes são constituídos por métodos que são geralmente utilizados para aceder à qualidade da farinha na indústria de panificação (Gupta et al., 2003). Os métodos que se enquadram nesta categoria, segundo Gupta et al. (2003), são utilizados para estimar a atividade da α-amilase e baseiam-se nas propriedades reológicas da massa. O teste do método de queda e o teste do amilógrafo ou farinógrafo são os dois principais métodos empregues nesta categoria.

2.7 Fontes de amilases

Fungos, bactérias, animais e plantas apresentam fontes de amilase (Vaidya et al., 2015), onde estão predominantemente envolvidos no metabolismo de hidratos de carbono (Stanley, Farnden, & MacRae, 2005). As sementes possuem tanto α-amilase como β-amilase (Vaidya et al., 2015). Predominantemente, as indústrias preferem fontes fúngicas e bacterianas de amilase devido à sua produção económica em massa e fácil manipulação, particularmente de fungos (Irfan, Nadeem, & Syed, 2012).

2.7.1 Fontes bacterianas

Várias espécies de bactérias têm sido relatadas como boas fontes de produção de amilase (de Souza & de Oliveira Magalhaes, 2010; Tiwari et al., 2015), no entanto, a produção comercial é derivada principalmente do género Bacillus (Tiwari et al., 2015). A produção de α-amilase termoestável está principalmente associada a espécies de bactérias e esta propriedade/qualidade torna-as aplicáveis especialmente nas indústrias onde são necessárias temperaturas elevadas (Konsoula & Liakopoulou-Kyriakides, 2007). Bactérias como *Bacillus subtilis, Bacillus stearothermophilus, Bacillus licheniformis* e *Bacillus amyloliquefaciens* são conhecidas por serem boas fontes de α-amilase termoestável (Prakash & Jaiswal, 2010). A utilização de bactérias na fermentação em estado sólido é limitada ao género Bacillus (*B. subtilis, B. polymyxia, B. mesentericus,* B. *vulgaris, B. megaterium* e B. *licheniformis*) (Baysal, Uyar, & Aytekin, 2003; de Souza & de Oliveira Magalhães, 2010).

2.7.2 Fontes fúngicas

As fontes fúngicas de amilase estão geralmente limitadas aos fungos mesófilos, maioritariamente de espécies de *Aspergillus* e um número limitado de espécies de *Penicilium* (de Souza & de Oliveira Magalhães, 2010; Kathiresan & Manivannan, 2006)

O *Aspergillus spp* sintetiza quantidades substanciais de enzimas que são amplamente utilizadas nas indústrias (de Souza & de Oliveira Magalhães, 2010). Os *Aspergillus spp* utilizados para a produção comercial de amilase são *Aspergillus oryzae, Aspergillus niger* e

Aspergillus awamori, entre outros (Konsoula & Liakopoulou-Kyriakides, 2007). Os fungos termofílicos, como o *Thermomyces lanuginosus* e o *Thermoascus aurantiacus, são* considerados excelentes produtores de amilase (Kunamneni, Kumar, & Singh, 2005; Vaidya et al., 2015). As indústrias preferem geralmente a amilase fúngica à amilase bacteriana devido ao seu estatuto de "geralmente considerado seguro" (GRAS) (Gupta et al., 2003). Também foi relatada a utilização de organismos geneticamente modificados para melhorar e otimizar a produção de amilase (Sundarram & Murthy, 2014). Ul-Haq, Javed, Hameed e Adnan (2010) registaram uma atividade de amilase comparativamente maior de 102,78±2,2 U/ml/min quando *Bacillus amyloliquefaciens* UNG-16 foi exposto a mutação química (etilmetano sulfonato) e radiação.

2.8 Aplicações industriais das amilases

As indústrias à base de amido são as principais utilizadoras de amilases (Vaidya et al., 2015; Gupta et al., 2003), e o seu vasto espetro de aplicação exigiu um aumento da procura (Vaidya et al., 2015; Sundarram e Murthy 2014). Por conseguinte, a amilase detém a maior quota do mercado mundial de enzimas (Gupta et al., 2003). Os fabricantes de enzimas dispõem de várias preparações de amilase que são especificamente utilizadas em indústrias variadas, o que torna os ambientes de processamento favoráveis e os processos mais fáceis (Gupta et al., 2003).

2.8.1 Conversão enzimática do amido para produzir frutose e glucose

A conversão industrial de frutose em xaropes de glucose através do processo de liquefação é realizada na presença de α-amilases (van der Maarel et al., 2002). Na conversão dos grânulos de amido mediada por enzimas, observam-se três (3) fases, nomeadamente, a gelatinização, a liquefação e a sacarificação (de Souza e de Oliveira Magalhães, 2010; Gupta et al., 2003). A produção elevada de xarope de glicose é realizada quando as actividades sinérgicas da glucoamilase e da pululanase estão envolvidas (Sundarram & Murthy, 2014). A isomerização pode então ser iniciada para transformar o xarope com elevado teor de glucose em xarope com elevado teor de frutose numa reação catalisada pela glucose isomerase. Este produto final pode então ser utilizado, nomeadamente pela indústria das bebidas, como edulcorante (Sundarram & Murthy, 2014).

2.8.2 Indústria de detergentes

A indústria de detergentes emprega enzimas para melhorar a remoção de nódoas difíceis e
também para tornar o detergente amigo do ambiente (de Souza & de Oliveira Magalhães,
2010). O aumento da utilização de enzimas na indústria de detergentes é uma resposta à
mudança dos métodos de lavagem da loiça e da roupa, em que a utilização de enzimas que
podem funcionar em condições frias e suaves é preferida pelos clientes (Sundarram & Murthy,
2014). As amilases em detergentes catalisam a clivagem de ligações glicosídicas em
polímeros de amido que são normalmente encontrados em alimentos (Vaidya et al., 2015) em
oligossacarídeos menores solúveis em água (Olsen & Falholt, 1998). A tolerância da α-
amilase a baixas temperaturas e a pH alcalino explica a sua utilização geral em detergentes
(Sundarram & Murthy, 2014). A utilização da α-amilase na indústria dos detergentes é
limitada pela sensibilidade oxidativa e pela dependência da enzima em relação ao cálcio
(Sundarram & Murthy, 2014). Cientistas da Novozymes e da Genencore Int., numa tentativa
de controlar esta limitação, envolveram a substituição do <u>met</u> da amilase de *B. Iicheniformis*
(resíduo de aminoácido sensível a oxidantes) por <u>leu</u> na posição 197, o que resultou numa
amilase com melhor resistência a compostos oxidantes (Sundarram & Murthy, 2014).

2.8.3 Indústria de panificação

A massa para o fabrico de pão torna-se vulnerável à fermentação da levedura quando
pequenas dextrinas são disponibilizadas após a α-amilase hidrolisar o amido na massa
(Sundarram & Murthy, 2014). Isto leva a um aumento da taxa de fermentação e a uma redução
da viscosidade da massa de amido (Sundarram & Murthy, 2014; Vaidya et al., 2015),
melhorando assim a textura e o volume do pão (de Souza & de Oliveira Magalhães, 2010). A
capacidade dos produtos de panificação de permanecerem mais tempo e também de manterem
a sua suavidade é auxiliada pela amilase que actua como um agente anti-cozimento (Gupta et
al., 2003; Sundarram & Murthy, 2014).

2.8.4 Indústria têxtil

A utilização da amilase na indústria têxtil ocorre durante o processo de desengomagem. A
desengomagem é necessária para remover os agentes de tamanho (amido). A engomagem
geralmente proporciona maciez às superfícies do fio devido à tensão a que é submetido
durante a tecelagem (Vaidya et al., 2015). Gupta et al., (2003) relataram que a dessecação de

têxteis de amido é melhor quando se aplica α-amilase, uma vez que o tamanho é seletivamente removido, deixando as fibras sem pilha. A clivagem do amido em dextrinas solúveis em água também é conseguida, as quais podem ser subsequentemente removidas por lavagem (Gupta et al., 2003). Por conseguinte, o tecido fica mais macio e adequado para o processamento posterior (tingimento e purificação) (Vaidya et al., 2015).

2.8.5 Indústria de fabrico de papel e pasta de papel

O fabrico de amido de elevado peso molecular e menos viscoso aplicável ao revestimento de papel é efectuado por α-amilases (van der Maarel et al., 2002). Algumas características como superfície forte e lisa, melhor qualidade de escrita e apagabilidade do papel são proporcionadas pelo tratamento de revestimento do papel (de Souza e de Oliveira Magalhães, 2010).

2.8.6 Produção de álcoois combustíveis

A acessibilidade económica e fácil do amido explica a sua utilização geral como substrato para a produção de etanol (Chi, Ma, Wang, & Li, 2007). São necessários dois processos enzimáticos para a bioconversão do amido solubilizado. Inicialmente, uma suspensão viscosa de amido é produzida submetendo-se o amido à liquefação e, em seguida, à sacarificação, onde açúcares fermentáveis são produzidos com o auxílio da α-amilase, hidrolisando o amido (Sundarram & Murthy, 2014). Estes açúcares fermentáveis são convertidos em álcool quando microrganismos capazes de hidrolisar estes açúcares, como as leveduras (*Saccharomyces cerevisiaeae*), actuam sobre eles. Foi relatada uma estirpe de levedura capaz de contornar as etapas de sacarificação e produzir diretamente o biocombustível (Chi et al., 2007; Sundarram & Murthy, 2014).

2.9 Produção de Enzimas por Microorganismos

Os microrganismos têm vindo a substituir gradual e progressivamente as enzimas provenientes de outras fontes (Illanes, 2008). Uma vasta gama de microrganismos (fungos, bactérias e leveduras) produz diferentes grupos de enzimas (Pandey et al., 1999). Blanch e Clark (1997) atribuíram esta possível progressão a algumas qualidades especiais que estes microrganismos possuem; têm um sistema celular de produção de enzimas excelente, são metabolicamente vigorosos e são versáteis. Além disso, estes microrganismos podem ser facilmente propagados em grande escala através de sistemas de fermentação submersos e em estado sólido, podem ser facilmente manipulados do ponto de vista ambiental e genético, têm requisitos nutricionais simples e o seu fornecimento não é condicionado por flutuações sazonais. No entanto, de acordo com Pandey et al. (1999), o melhoramento de uma estirpe individual para obter um rendimento comercialmente competente continua a ser uma tarefa fastidiosa.

Vários microrganismos, como os bolores (*Rhizopus*, *Asspergillus sp*) e bactérias, têm demonstrado produzir amilases (de Souza Teodoro & Martins, 2000; Windish & Mhatre, 1965). *Aspergillus spp* e *Penicillium* foram relatados como fontes muito boas de amilases, especialmente na fermentação em estado sólido (de Souza & de Oliveira Magalhães, 2010; Pandey et al., 1999). A modificação genética das estirpes oferece às indústrias a perspetiva de reduzir os custos de produção e, ao mesmo tempo, aumentar a produção (Pandey et al., 1992). De acordo com Tiwari et al. (2015), 50% das enzimas comercializadas atualmente são obtidas a partir de organismos geneticamente modificados.

2.9.1 *Aspergillus niger*

O Aspergillus niger está entre os fungos filamentosos que pertencem aos Fungi Imperfecti. Está amplamente distribuído em vários habitats devido à sua capacidade de colonizar uma grande variedade de substratos (Chen, 2012). Geiser, Samson, Varga, Rokas e Witiak (2008) relataram um número aproximado de 250 espécies de *Aspergillus spp*. *Aspergillus spp* normalmente cresce como um saprófita, onde é capaz de degradar o material da parede celular das plantas usando várias enzimas que produz e, ao mesmo tempo, obtendo nutrientes para o crescimento (Schuster, Dunn-Coleman, Frisvad, & Van Dijck, 2002). Macroscopicamente, o fungo cresce predominantemente em substratos sólidos e produz colónias espessas como hifas amarelas a brancas, que depois se tornam pretas quando se formam os conídios (Chen, 2012). Microscopicamente, podem ser identificados pelas suas hifas hialinas e septadas (Chen, 2012). Raper e Fennel (1965) sugeriram a identificação correcta de *Aspergillus niger* dos restantes, procurando características como os fialídeos bisseriados que produzem negro de carbono ou esporos negros profundos.

O Aspergillus niger pode exibir diversos estados morfológicos que vão desde esferas miceliais destacadas até esferas miceliais bem compactadas chamadas pellets, em diferentes momentos do seu ciclo de vida entre o crescimento superficial e submerso e num determinado meio de crescimento (Papagianni, 2004). Foi demonstrado que estes diferentes estados morfológicos afectam significativamente o meio de fermentação em termos da sua reologia e do desempenho máximo dos fungos (Meijer, Nielsen, Olsson, & Nielsen, 2009). De acordo com Papagianni, (2004), *o Aspergillus niger* utiliza elementos como o carbono, oxigénio, hidrogénio, azoto, fósforo, potássio, enxofre, magnésio, manganês, ferro, zinco, cobre e zinco para o seu crescimento e desenvolvimento. Outros factores físicos também afectam a morfologia de *Aspergillus niger*, nomeadamente a temperatura, o pH e o modo de cultura (Meijer *et al.*, 2009). As gamas de pH entre 1,5 - 8 podem favorecer o crescimento de *Aspergillus niger*, no entanto, diferentes níveis de pH ditam o tipo de metabolismo que produz (Papagianni,1994); o citrato é produzido principalmente a pH < 3, o oxalato a pH entre 3 e 6 (Ruijter, van de Vondervoort, & Visser, 1999) e o gluconato a pH 5,5 ou superior (Mattey, 1992; Meijer et al., 2009).

Apesar do estatuto GRAS de *Aspergillus niger*, foram observadas reacções de hipersensibilidade raras após exposição humana a poeiras intensas de esporos (Schuster et al., 2002). Foi relatado que algumas estirpes de *Aspergillus niger* produzem uma micotoxina potente, as ocratoxinas (Abarca & Bragulat, 1994). Outros investigadores opuseram-se a esta afirmação, explicando que a identificação incorrecta das espécies de fungos pode ter resultado em tais conclusões. No entanto, foram apresentadas várias provas que apoiam esta afirmação (Abarca & Bragulat, 1994; Schuster et al., 2002).

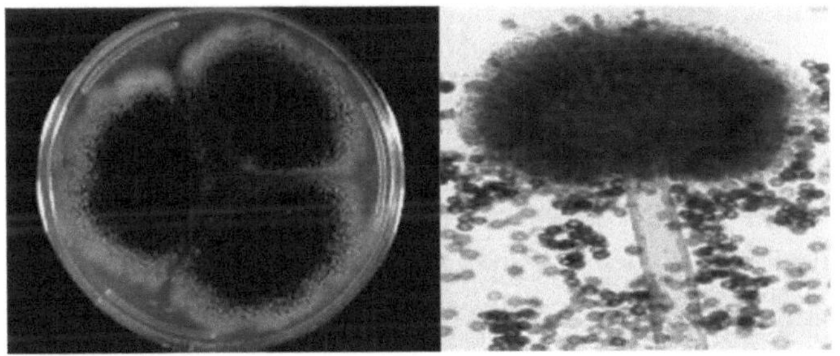

Figura 4: Cultura e cabeça de conídio de *Aspergillus niger*

2.9.2 Mecanismos utilizados pelos microrganismos para degradar substratos sólidos na fermentação em estado sólido

Os substratos sólidos que os microrganismos degradam funcionam normalmente como fontes de carbono, azoto, minerais e factores de crescimento que promovem o crescimento harmonioso dos microrganismos (Nandakumar, Thakur, Raghavarao, & Ghildyal, 1994). De acordo com Nandakumar et al. (1994), existem poucos conhecimentos sobre os factores que influenciam o crescimento e o metabolismo dos microrganismos no processo de fermentação em estado sólido, em comparação com a fermentação submersa. Identificou-se que o tamanho da partícula desempenha um papel crítico na aderência, penetração e atividade enzimática no substrato sólido durante a degradação de substratos sólidos (Murthy, Karanth, & Raghava Rao, 1993); por conseguinte, Nandakumar et al. (1994) salientaram a importância de saber como o tamanho da partícula diminui no decurso da fermentação e o efeito correspondente desta redução na produção das enzimas com base na disponibilidade dos substratos. Assim, propuseram um modelo matemático, que se baseia em reacções heterogéneas não catalíticas de engenharia química para a degradação de partículas de substrato na fermentação de substrato sólido. A sua proposta das várias etapas envolvidas na degradação do substrato sólido na fermentação em estado sólido é descrita como;

1.1   Difusão do reagente gasoso (O^2) através da película de gás que envolve o substrato partículas à superfície da partícula sólida

1.2   Penetração e difusão do reagente gasoso (O^2) através da manta da biomassa (fungos) para as partículas do substrato e

1.3   . A reação bioquímica geral na superfície da partícula

2.10 Métodos de fermentação para a produção de enzimas

As enzimas são produzidas em grande escala utilizando dois métodos principais: fermentação submersa e fermentação em estado sólido.

A fermentação submersa emprega substratos líquidos de fluxo livre. Os microrganismos são cultivados em substratos líquidos de nutrientes, como caldos e melaço (Renge, Khedkar, & Nandurkar, 2012; Sundarram & Murthy, 2014). A utilização destes nutrientes pelos microrganismos resulta então na libertação da enzima desejada no caldo de fermentação. Este método é mais adequado para as bactérias, uma vez que a humidade elevada é um pré-requisito para o seu crescimento e desenvolvimento (Sundarram & Murthy, 2014). De acordo com Couto e Sanromân (2006), os metabólitos secundários que devem ser utilizados na forma líquida são geralmente extraídos utilizando sistemas de fermentação submersa. O emprego da fermentação submersa é muito preferido em relação à fermentação em estado sólido porque, processos como a esterilização dos meios, a purificação do produto final, a regulação dos parâmetros de reação (arejamento, humidade, temperatura, transferência de oxigénio e pH) podem ser facilmente concebidos no processo de fermentação (Kunamneni et al, 2005; Vidyalakshmi, Paranthaman, & Indhumathi, 2009); também a utilização de organismos geneticamente modificados é mais facilmente permitida na fermentação submersa do que na fermentação em estado sólido (Kunamneni et al., 2005).

No entanto, a fermentação em estado sólido, que envolve o cultivo de microrganismos em substratos sólidos húmidos na ausência de água livre, tem sido relatada como tendo um enorme potencial para a produção de enzimas (Pandey et al., 1999; Suganthi et al., 2011). Este sistema é de especial interesse nos processos em que o produto fermentado bruto pode ser utilizado diretamente como fonte de enzimas (Pandey et al., 1999). Este sistema tem sido associado à produção em massa de produtos químicos e enzimas (Couto & Sanromân, 2006; Pandey et al., 1999; Raimbault, 1998; Soccol & Vandenberghe, 2003). Vários estudos provaram que a fermentação em estado sólido fornece um maior volume de produtos, não está predisposta a problemas de inibição do substrato e as enzimas são estáveis a pH e temperaturas mais elevados (Holker & Lenz, 2005). Para além disso, o período de fermentação é reduzido e a degeneração das enzimas por proteases também é reduzida no sistema de fermentação em estado sólido (Holker, Hofer, & Lenz, 2004).

2.11 Microrganismos associados à fermentação em estado sólido

A fermentação em substrato sólido pode suportar o crescimento de várias bactérias, leveduras e fungos (Mienda, Idi, & Umar, 2011; Raimbault, 1998), no entanto, a maioria dos trabalhos de investigação tem sido dominada por fungos filamentosos, uma vez que foram reconhecidos como perfeitos e melhor adaptados para a fermentação em estado sólido (Krishna, 2005; Raimbault, 1998) devido às suas propriedades enzimológicas, fisiológicas e bioquímicas (Mienda et al., 2011). Basicamente, os fungos crescem através dos efeitos combinados da adição de pontas de hifas apicais e do início de pontas de hifas frescas através da ramificação (Mienda et al., 2011). A penetração no substrato sólido é facilitada através do desenvolvimento das hifas, após o que é assegurada uma aderência firme à estrutura sólida através do fornecimento da estrutura celular localizada na ponta e nos ramos do micélio (Mienda et al., 2011; Raimbault, 1998). As enzimas que são sintetizadas como resultado da utilização pelo organismo dos nutrientes disponíveis enquanto degrada o substrato, são emitidas através das pontas das hifas e menos diluídas, ao contrário da fermentação submersa

(Mienda et al., 2011; Raimbault, 1998).

2.11.1 Substratos utilizados na fermentação em estado sólido

Tanto os substratos naturais como os sintéticos podem ser utilizados como substratos sólidos na fermentação em estado sólido (Nigam & Singh, 1994; Pandey, 1991). Naturalmente, estes materiais biológicos são facilmente metabolizados por vários microrganismos como fonte de carbono, uma vez que são materiais estruturalmente poliméricos, por exemplo, lenhinas, proteínas e polissacáridos (Nigam & Singh, 1994; Pandey, 1991). Os resíduos agrícolas são, portanto, utilizados como fonte ideal de substrato para SSF (por exemplo, bagaço de cana de açúcar e casca de mandioca). Okolo, Ezeogu e Mba (1995) utilizaram a mandioca, o milho, o sorgo e o amido solúvel derivado da batata como fontes de amido nativo para produzir amilase utilizando *Aspergillus niger*. Sindiri, Machavarapu e Vangalapati, (2013) produziram e purificaram α - amilase utilizando *Aspergillus niger* numa casca de laranja fermentada.

Os substratos sólidos são geralmente insolúveis em água; no entanto, a sua matriz absorve facilmente a água e fornece a humidade necessária para assegurar o bom crescimento dos microrganismos envolvidos (Nigam & Singh, 1994). Foi referido que factores físicos críticos, tais como a quantidade de micróbios e os efeitos das películas, afectam os micróbios na SSF (Pandey, 1992). Quimicamente, os substratos também são afectados por factores importantes como a natureza química do substrato, isto é, o nível de polimerização - relação com outros polímeros e a ordem da estrutura do substrato (Nigam & Singh, 1994). Estas características distinguem um substrato facilmente metabolizável de um substrato dificilmente metabolizável (Nigam & Singh, 1994). No entanto, Pandey et al. (1999) considera que o tamanho e o nível de humidade do substrato são os factores mais importantes, independentemente do substrato utilizado.

2.12 Factores que afectam a produção de enzimas na fermentação em estado sólido

Os factores que afectam a produção de enzimas na fermentação em estado sólido são muitos; no entanto, variam de processo para processo, dependendo do tipo de microrganismos utilizados, do tipo de substrato e da escala do processo (Krishna, 2005).

Estes factores são amplamente classificados em factores ambientais, físico - químicos e biológicos.

2.12.1 Tipo de inóculo

O uso de esporos como inóculo foi relatado como sendo mais vantajoso em comparação com o uso de células vegetativas de fungos (Gowthaman, Krishna, & Moo-Young, 2001; Krishna, 2005). Estes esporos oferecem vantagens como a comodidade, a facilidade de preparação do inóculo, a maior resistência ao manuseamento incorreto durante a transferência e a possibilidade de armazenamento prolongado para utilização posterior (Krishna, 2005). Algumas desvantagens, tais como um tempo de espera mais longo, a necessidade de um tamanho de inóculo maior e diferenças nas condições óptimas que promoverão a germinação dos esporos e o crescimento vegetativo, estão associadas à utilização de esporos (Gowthaman et al., 2001; Krishna, 2005). Na utilização de esporos, os esporos tornam-se metabolicamente dormentes, pelo que as actividades metabólicas devem ser induzidas e os sistemas enzimáticos apropriados devem ser sintetizados antes de o fungo começar a utilizar o substrato para crescer (Krishna & Nokes, 2001). No entanto, a necessidade de inóculos vegetativos por parte de alguns microrganismos não pode ser subestimada. A produção de fitase e a formação de biomassa estavam intensamente relacionadas com a idade do inóculo, quando foi utilizado o inóculo vegetativo de *Aspergillus niger* (Krishna, 2005). A densidade do inóculo é outra consideração no processo de fermentação em estado sólido (Gowthaman et al., 2001).

2.12.2 Nível de humidade e atividade da água do substrato

Sabe-se que os ambientes húmidos favorecem o crescimento de fungos (Krishna, 2005). A produtividade do processo é significativamente afetada em qualquer sistema de fermentação em estado sólido pelo nível de humidade, quando este está presente em maior ou menor quantidade do que o nível ótimo necessário (Lonsane, Ghildyal, Budiatman, & Ramakrishna, 1985). Foi demonstrado que um elevado teor de humidade do substrato conduz à aglomeração de partículas (Gowtherman et al., 2001), à limitação da transferência de gases, à facilitação da contaminação bacteriana (Pandey, 1992) e que baixos níveis de humidade do substrato resultam também num crescimento reduzido dos microrganismos, numa menor acessibilidade aos nutrientes (Pandey, 1992), numa diminuição da estabilidade das enzimas e no inchaço do substrato (Lonsane et al., 1985; Moo-Young, Moreira, & Tengedy, 1983). Estudos realizados por Hang e Woodams (1998), sobre o efeito da humidade do substrato na produção de ácido cítrico, revelaram que a humidade do substrato afectava de forma crítica o crescimento e a atividade do bolor. Lonsane e Ramesh (1990) observaram uma baixa produção de α-amilase quando o teor padronizado de humidade no farelo de trigo era elevado. De acordo com Krishna (2005), os níveis gerais de humidade da matriz sólida em processos de fermentação em estado sólido variam entre 30 e 85%; as bactérias crescem preferencialmente numa matriz sólida com mais de 70% de humidade, enquanto os fungos podem crescer numa vasta gama de 20 - 70% da humidade da matriz sólida.

O fator de atividade da água é o fator determinante comum dos microrganismos que são ideais para os processos de SSF, mas não a água contida no substrato sólido (Pandey, 1992). A atividade da água está ligada ao potencial natural da água e ao nível reduzido de água absorvida, e está correlacionada com a humidade relativa (Raimbault, 1998). A necessidade de água para a atividade microbiana é, por conseguinte, expressa quantitativamente por esta atividade hídrica (Pandey, 1991). A desidratação do substrato sólido e a concomitante acumulação de soluto no substrato podem resultar na redução da atividade da água durante o processo de fermentação (Nagel, Tramper, Bakker, & Rinzema, 2001); esta redução, de acordo com Oriol, Raimbault, Roussos e Viniegra-gonzales (1988), afecta marcadamente o desenvolvimento microbiano, uma vez que prolonga a fase de atraso, diminui a taxa de desenvolvimento específico e resulta numa baixa quantidade de produção de biomassa. Valores mais elevados de atividade da água favorecem principalmente o crescimento de bactérias em contraste com fungos e algumas leveduras que requerem valores mais baixos de atividade da água (0,6 - 0,7) (Chundakkadu Krishna, 2005; Pandey, 1991). No progresso do desenvolvimento de fungos em SSF, foi demonstrado que a esporulação é aumentada na presença de alta atividade da água, enquanto a formação de esporos e o crescimento micelial são também aumentados pela baixa atividade da água (Nigam & Singh, 1994). Foi demonstrado que a atividade da água do substrato diminui no final de uma cultura (Oriol et al., 1988).

2.12.3 pH

O pH é um parâmetro muito importante em qualquer processo de fermentação, sem exceção para o sistema de fermentação em estado sólido (Krishna, 2005), uma vez que afecta a indução de alterações morfológicas nos microrganismos e a subsequente síntese de enzimas (Gupta et al., 2003). Foi demonstrado que os fungos filamentosos crescem numa vasta gama de pH (2 - 9) com uma gama óptima de 3,8 - 6,0 (Gowthaman et al., 2001). Esta flexibilidade de pH dos fungos pode ser muito crítica quando existe a necessidade de inibir a contaminação bacteriana, particularmente em valores de pH mais baixos (Gowthaman et al., 2001). De acordo com Gupta et al. (2003), a estabilidade do produto no meio também é afetada pela alteração do pH que ocorre durante o crescimento dos fungos, uma vez que as diferenças na preferência do pH para o crescimento micelial e a síntese enzimática podem variar (Gowthaman et al., 2001). O controlo e a estabilização do pH in situ na fermentação em estado sólido, ao contrário da fermentação submersa, é praticamente impossível (Gowthaman et al., 2001; Krishna, 2005). Isto foi atribuído ao sistema heterogéneo de três fases do sistema de fermentação em estado sólido em comparação com o sistema homogéneo de três fases da fermentação submersa (Krishna, 2005). Gupta et al. (2003) referiram que o controlo do pH é por vezes eliminado no processo fúngico, devido à capacidade de tamponamento de alguns constituintes do meio.

2.12.4 Temperatura

Foi referido que a gama de temperaturas entre 20 - 55° C favorece o crescimento de fungos (Gowthaman et al., 2001), no entanto, de acordo com Yadav (1987), podem existir variações entre a temperatura óptima preferida para a síntese de enzimas e a temperatura preferida para o crescimento de fungos. Gupta et al. (2003) reiteraram que os microrganismos envolvidos na produção de enzimas influenciam a temperatura do meio de fermentação. Uma gama de temperaturas de 25 - 37° C, ou seja, a gama mesofílica, tem sido a gama comum observada para a produção de amilases (Gupta et al., 2003), no entanto, outros relatórios também mostraram termófilos, tais como *Thermomonospora fusca* e *T. lanuginosus,* a produzir α-amilase a 55° C e 50° C, respetivamente (Busch & Stutzenberger, 1997; Mishra & Maheshwari, 1996). O controlo da temperatura foi descrito como um dos parâmetros mais difíceis de efetuar (Krishna, 2005). A remoção de calor é, portanto, uma questão-chave na maioria dos projectos de biorreactores de fermentação em estado sólido (Gowthaman et al., 2001).

2.12.5 Substrato Tamanho das partículas

Este parâmetro é muito importante, uma vez que afecta a caraterização do substrato, a capacidade do sistema para interagir com o desenvolvimento microbiano e a transferência do calor e da massa gerados durante a SSF (Krishna, 2005). O tamanho das partículas do substrato determina a quantidade de ar que ocupa o substrato (Krishna, 2005). Normalmente, os substratos de tamanho pequeno oferecem uma ampla área de superfície para os microrganismos actuarem (Gowthaman et al., 2001), mas foi relatado que partículas de tamanho demasiado pequeno causam aglomeração do substrato, o que normalmente afecta a respiração / aeração microbiana, resultando assim num crescimento deficiente (Krishna, 2005). Foi demonstrado que partículas de tamanho mais fino melhoram a degradação (Knapp & Howell, 1988). Da mesma forma, também foi registada a estimulação de culturas fúngicas após o cultivo em substratos de pequenas dimensões (Huang, Wang, Wei, Malanes, & Tanner, 1985). Pandey (1991) observou uma maior produção de enzimas quando foi utilizado um substrato com tamanhos mistos. Também foi registado que o tamanho das partículas diminui durante o processo de fermentação em estado sólido (Krishna, 2005).

2.12.6 Aeração e agitação

A aeração e a agitação influenciam significativamente o sistema, em termos de necessidade de oxigénio para os processos aeróbios e os fenómenos de transporte de calor e massa no sistema heterogéneo (Pandey, Soccol, & Mitchell, 2000). A aeração aumenta o fornecimento de oxigénio, a eliminação do dióxido de carbono, dos metabolitos voláteis e do calor do meio de fermentação (Krishna, 2005). Características como as necessidades de crescimento do organismo, a criação de metabolitos gasosos e voláteis e o desenvolvimento de calor afectam a taxa de arejamento (Krishna 2005). A agitação no processo de fermentação aeróbia em estado sólido assegura a homogeneidade (Trilli, 1986).

A agitação também aumenta a transferência de massa e calor, permitindo uma provável adição homogénea de água, compensando assim a perda de água causada pela evaporação (Krishna, 2005). A intensidade da agitação também influenciou as taxas de mistura e de transferência de oxigénio, influenciando assim a morfologia do micélio e a formação do produto (Amanullah, Blair, Nienow, & Thomas, 1999). O emprego de agitação intermitente foi relatado para evitar a possível lesão e interferência dos micélios e anexos miceliais (Krishna, 2005).

2.12.7 Factores nutricionais

O microrganismo obtém a sua energia para o crescimento a partir da fonte de carbono. Tanto os monossacáridos puros (glucose) como as moléculas compostas (amido/celulose) são fontes ideais de carbono para o crescimento dos fungos (Krishna, 2005). O aumento dos conídios fúngicos é auxiliado pelo fornecimento de compostos com fontes de azoto (tartarato de amónio, nitrato, nitrato de sódio, etc.) (Krishna, 2005). Os minerais (Na^+, Ni^+, Ca^{++} etc.)

ajudam a esporulação. De acordo com Krishna, (2005), a composição da biomassa é muito importante quando se considera a formulação de meios para a cultura de fungos. Pandey et al. (2000) apoiaram esta noção e recomendaram que a biomassa celular deveria conter, em média, 40 - 50% de carbono, 30 - 50% de oxigénio, 6 - 8% de hidrogénio e 3 - 12% de azoto e pequenas quantidades de outros elementos como enxofre, metais e fósforo. A capacidade dos meios de cultura para produzir um produto específico depende da relação entre o carbono e o azoto. Um rácio de 16 é considerado ideal para os processos de SSF (Krishna, 2005).

2.13 Metodologia de superfície de resposta na otimização da produção de amilase

A Metodologia de Superfície de Resposta (RSM) é um conjunto de técnicas estatísticas e matemáticas convenientes para desenvolver, melhorar e otimizar processos em que diversas variáveis influenciam a resposta de interesse (Baş & Boyaci, 2007b; Myers, Montgomery, & Anderson - Cook, 2009). A otimização do processo de produção industrial não pode ser subestimada, particularmente num processo de produção biotecnológica em que os parâmetros físicos e químicos constituem o núcleo central de todo o processo de produção (Francis et al., 2003; Reddy, Wee, Yun, & Ryu, 2008). A técnica de otimização 'One - Variable- at - Time' tem sido criticada, particularmente na sua incapacidade de considerar os efeitos interactivos entre todas as variáveis (Baş & Boyaci, 2007b). O uso da Metodologia de Superfície de Resposta tornou-se necessário especialmente na indústria de enzimas devido à crescente demanda de enzimas para aplicações industriais e, a fim de satisfazer essas demandas, o desempenho do sistema precisa ser melhorado de modo a produzir mais com menor custo de produção (Gangadharan et al., 2008; Prajapati et al., 2015). De acordo com Francis et al. (2003), os resultados avaliados por uma experiência calculada estatisticamente são mais bem reconhecidos do que os resultados desenvolvidos pelas experiências tradicionais com uma única variável. O Delineamento Plackett-Burman, o Delineamento Composto Central e o Delineamento Box-Behnken são alguns constituintes da metodologia de superfície de resposta (Hassaïne, Zadi - Karam, & Karam, 2014). Com o uso da metodologia de superfície de resposta, garante-se a obtenção de níveis ótimos de um processo por meio de menor número de execuções experimentais (Francis et al., 2003; Shankar et al., 2015).

2.13.1 Desenho composto central

O Central Composite Design (CCD) (Box & Wilson, 1951) foi aclamado por vários investigadores como a classe de design de segunda ordem mais utilizada na metodologia de superfície de resposta (Dean & Voss, 1999; Montgomery, 2013; Robinson, Wulff, Montgomery, & Khuri, 2006; Shankar et al., 2015). É uma estratégia experimental que utiliza 5 níveis para um fator numérico para procurar as melhores condições em múltiplas variáveis de um sistema (Hassaïne et al., 2014). O Delineamento Composto Central tem três componentes; F pontos fatoriais, $2k$ pontos axiais ($\pm \alpha$) e nc corridas centrais (Montgomery, 2013; Robinson et al., 2006), dos quais cada um deles desempenha papéis muito importantes e diferentes. Todos os termos directos e combinados são estimados a partir dos pontos do fatorial, os pontos suplementares de cada fator que os pontos axiais fornecem permitem a aproximação dos termos quadráticos e os pontos centrais permitem a estimativa do erro interno (erro puro) contribuindo assim para a estimativa dos termos quadráticos (Myers et al., 2009). De acordo com Robinson et. al. (2006), a execução múltipla no centro da região de projeto permite a estimativa adequada do erro puro e dos termos quadráticos.

2.14 Observações finais

Em relação a esta revisão, é evidente que o emprego da fermentação em estado sólido é mais adequado para os países em desenvolvimento do que o processo de fermentação submersa, devido à abundância de substratos (agro-resíduos) que são gerados a partir do sector agrícola do país. A fermentação em estado sólido apresenta uma das tecnologias mais simples que a maioria dos países em desenvolvimento pode pagar, considerando a natureza simples dos seus requisitos

A exploração de resíduos agrícolas na produção de enzimas locais utilizando microrganismos como bactérias e fungos tem recebido muita atenção nestes países em desenvolvimento. No entanto, estes estudos têm-se centrado principalmente na otimização dos factores do processo utilizando a abordagem uma variável por vez (OVAT), o que tende a conduzir a uma interpretação errada dos níveis óptimos dos factores do processo.

Os estudos sobre a produção de enzimas no Gana têm visto pouco no que diz respeito à otimização dos factores do processo utilizando ferramentas estatísticas como a metodologia da superfície de resposta.

Capítulo 3

3.1 Materiais e métodos

3.1.1 Materiais

DNS, albumina de soro bovino, amido solúvel de trigo, corante lactofenol azul de algodão da Sigma - Aldrich Chemicals Ltd. (St. Louis MO, EUA), hemocitómetro da Hausser Scientific (Horsham, PA 19044, EUA) e ágar dextrose de batata (PDA) da Merck Chemical Company (Darmstadt, Alemanha).

3.1.1.1 Preparação das cascas de inhame

Os tubérculos de inhame foram comprados no mercado local.

Procedimento: - Os tubérculos de inhame foram lavados, limpos e cuidadosamente descascados. As cascas foram novamente lavadas e secas em estufa a 60º C até atingirem um peso constante. Em seguida, foram moídas até atingirem um tamanho médio de partícula de 0,3 mm, utilizando um moinho de martelos Retsch KG (SKI, 23008, Alemanha Ocidental). As amostras foram guardadas em sacos de plástico herméticos e armazenadas à temperatura ambiente até à sua utilização.

3.1.1.2 Preparação do meio de fermentação

Este meio tinha como objetivo fornecer os nutrientes necessários para o crescimento adequado dos fungos e a subsequente síntese da enzima (amilase).

Procedimento: - O meio de fermentação foi preparado dissolvendo num balão de 250 ml KH_2PO_4 - 0,35g, NH_4NO_3 - 2,5g, KCl - 1,25g, $MgSO_4.7H_2O$ - 0,025g, $FeSO_4.7H_2O$ - 0,0025g, amido solúvel - 5g a pH 6,5 (Sakthi et al., 2012; Sethi & Gupta, 2015) e completado com água destilada até à marca.

3.1.1.3 Determinação das proteínas totais

Para determinar o teor de proteínas totais, foi utilizado o método do ensaio de Biureto. Kuno e Kihara (1967) referiram que este método de Biureto tem sido o método mais utilizado para determinar a proteína total. Este método baseia-se na ocorrência de complexação Cu^{2+} . Esta é formada pelos grupos funcionais que estão envolvidos na formação de ligações peptídicas. A complexação ocorre facilmente se forem encontradas, no mínimo, duas ligações peptídicas.

Uma cor violeta significa uma complexação bem sucedida. A absorvância a 540 nm foi utilizada para medir o complexo Cu^{2+} e a proteína (Suganthi et al., 2011).

3.1.1.4 Preparação da curva padrão de proteínas utilizando diferentes concentrações de albumina de soro bovino

Este foi preparado para servir de padrão para medir o teor de proteínas na enzima bruta.

Procedimento: - As concentrações de albumina de soro bovino de 0,1, 0,2, 0,3, 0,4, 0,5, 0,6, 0,7, 0,8, 0,9 e 1,0 mg/ml foram preparadas a partir de uma solução-mãe de albumina de soro bovino de 10 mg/ml. Adicionou-se o reagente de biureto (apêndice B), 4 ml por tubo, e misturou-se bem. Os tubos foram mantidos a 37º C durante 10 minutos e arrefecidos. A absorvância foi lida a 540 nm utilizando o espetrofotómetro UVmini - 1240 (SHIMADZU) contra um branco, tendo sido obtida uma curva de calibração da albumina de soro bovino em função da absorvância após o traçado dos dados obtidos.

3.1.1.5 Estimativa da concentração proteica da solução enzimática bruta

Esta etapa foi necessária para medir a quantidade de proteínas na enzima bruta extraída

Procedimento: - Num tubo de ensaio esterilizado, adicionaram-se quatro (4) ml do reagente de Biureto (apêndice B) a 1 ml da enzima amilase bruta e misturou-se bem. O tubo de ensaio foi incubado a 37º C durante 10 minutos e depois arrefecido. A absorvância da mistura foi lida utilizando o espetrofotómetro UVmini - 1240 (SHIMADZU) a 540 nm. Foi utilizado um branco, que continha 1 ml de água destilada e reagente de Biureto (4 ml), para zerar o espetrofotómetro. A concentração proteica dos extractos foi extrapolada a partir da curva de calibração padrão.

3.1.1.6 Ensaio de glicose pelo método DNS

Este ensaio testa a presença de açúcares redutores (grupos carbonilo livres (C=O)). O ensaio envolve a oxidação dos grupos funcionais cetona e aldeído que estão presentes, por exemplo, na frutose e na glucose, respetivamente (Wang, 2012). Concomitantemente, o 3, 5 - dinitrosalicílico (DNS) é reduzido a ácido 3 - amino, 5 - nitrosalicílico em condições alcalinas (Wang, 2012).

3.1.2 Métodos

3.1.2.1 Isolamento de *Aspergillus niger*

O Aspergillus niger é um contaminante comum de produtos de armazenamento nos trópicos (Adejuwon et al., 2015); também se encontram em ambientes de ar interior (Chen, 2012).

Procedimento: - Foi comprado um pedaço de pão e mantido húmido à temperatura ambiente, no escuro, durante quatro dias, para que ganhasse bolor. Dez (10) gramas do pão bolorento sólido com crescimento de conídios escuros *de Aspergillus* foram diluídos em série e as diferentes diluições (10^{-1} - 10^{-5}) foram colocadas em placas de Ágar Batata Dextrose (PDA) (Apêndice A) e incubadas à temperatura ambiente durante 4 dias. As culturas de fungos observadas em todas as diluições foram confirmadas como *Aspergillus niger*. No entanto, uma placa de Petri (10^{-1}) tinha várias colónias, que foram seleccionadas aleatoriamente, e cinco colónias diferentes designadas KV1B - KV5B foram assepticamente subcultivadas em placas de PDA. As culturas na lâmina de PDA foram então cultivadas à temperatura ambiente e armazenadas a 4° C num frigorífico, tendo sido regeneradas em meio PDA sempre que necessário para qualquer experiência. As culturas de fungos foram submetidas a coloração com azul de algodão e lactofenol para verificar se o fungo isolado é efetivamente um *Aspergillus niger* através do estudo da morfologia do fungo.

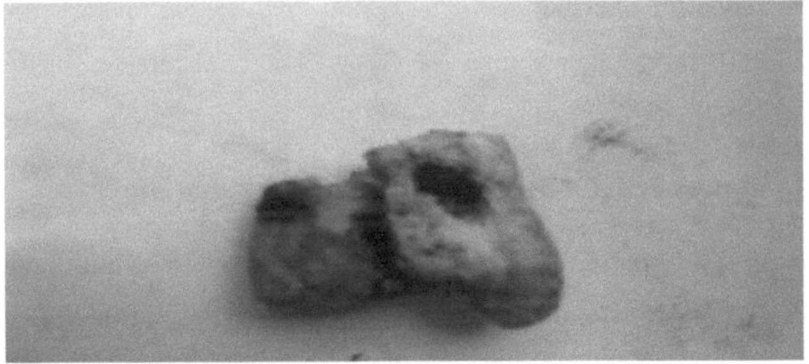

Placa 1: *Aspergillus niger a* crescer numa amostra de pão mantida no escuro durante 4 dias

3.1.2.2 Confirmação de *Aspergillus niger* utilizando Lactofenol Cotton Coloração azul (LPCB)

O Lactophenol Cotton Blue é feito com Lactophenol, que funciona como um líquido de montagem e azul de algodão. Os elementos fúngicos são corados de azul intenso. A preparação contém fenol, ácido lático e azul de algodão, que actuam separadamente para eliminar qualquer microrganismo presente, reservar a estrutura dos fungos e corar a quitina presente na parede celular dos fungos, respetivamente (Leck, 1999). Microscopicamente, a identificação de *Aspergillus niger* é feita pela presença de hifas hialinas e septadas e conidióforos lisos e longos com uma estrutura globosa, tal como se encontra nas formas assexuadas (Chen, 2012; Schuster *et al.,* 2002).

Procedimento: - Na preparação para o exame, deixou-se cair álcool a 70% numa lâmina de microscópio esterilizada, colocou-se uma gota de corante LPCB no centro da lâmina, retiraram-se pequenos fragmentos de colónia fúngica, com cerca de 2 - 4 nm, do bordo da colónia utilizando uma ansa de inoculação esterilizada, colocou-se então no corante e provocou-se suavemente; aplicou-se então uma lamela esterilizada suavemente de modo a não introduzir bolhas de ar ou a deslocar os conidióforos. A preparação foi então examinada num microscópio de ampliação de 40X para detetar a presença dos micélios e estruturas de frutificação característicos.

3.1.2.3 Preparação do inóculo de *Aspergillus niger*

O inóculo fúngico para a fermentação em estado sólido foi adquirido após a cultura de *Aspergillus niger* em PDA (Apêndice A) durante seis dias em placas de Petri.

Procedimento: - As suspensões de esporos foram preparadas utilizando uma broca de cortiça de 1 cm para colher esporos de fungos de uma placa de Petri. O *Aspergillus niger* presente no meio de 1 cm foi raspado com 10 ml de água e uma escova macia. A mistura foi então completada até 60 ml com água destilada.

3.1.2.4 Determinação da concentração de esporos de *Aspergillus niger*

O objetivo é estimar o número de esporos *de Aspergillus niger* em cada mililitro da concentração de esporos que será colhida para o processo de fermentação. **Procedimento:** - **Foi retirado** um (1) ml da suspensão de esporos dos 60 ml de suspensão de esporos, pipetado e injetado nas ranhuras de um hemocitómetro (HAUSSER SCIENTIFIC). Em seguida, foi colocado num microscópio de luz para a contagem dos esporos fúngicos. Para determinar a concentração de esporos no 1 ml pipetado, procedeu-se à leitura dos esporos nas cinco regiões do hemocitómetro e calculou-se a média. Esta foi depois multiplicada pelo fator de diluição de 6 e 10^4 número de células/ml. A concentração total de esporos obtida foi de 3,96 X 10^6 células/ml.

3.1.2.5 Confirmação da atividade da amilase por *Aspergillus niger*

As espécies de *Aspergillus niger* isoladas e identificadas foram testadas quanto à produção de amilase por hidrólise de amido.

Procedimento: - O meio de isolamento (PDA) contendo 2% de amido solúvel (Uguru, Akinyanju, & Sani, 1997) foi inoculado com o organismo e incubado durante 5 dias. O inóculo no PDA com 2% de amido solúvel foi subsequentemente inundado com uma solução fraca de iodo (Uguru et al., 1997) e o excesso de iodo foi vertido após 5 minutos. Uma zona de depuração em torno do crescimento microbiano indicou a produção de amilase, indicando assim a atividade da amilase.

3.1.3 Conceção estatística da experiência utilizando a metodologia da superfície de resposta

A produção de amilase foi optimizada utilizando a superfície de resposta d - conceção óptima com três variáveis independentes, viz, pH (inicial), temperatura e tempo de incubação. Esses fatores foram relatados como os fatores mais influentes em uma extensão notável, que afetam a produção de enzimas em SSF (Bhimba, Yeswanth, & Naveena, 2011). Cada variável numérica foi definida para um nível alto (+1) e um nível baixo (-1). O intervalo das variáveis foi obtido após a leitura de várias publicações, como se mostra na tabela 1 abaixo.

Quadro 1: Gama de factores relatados para a produção de amilase

Fator	Gama	Autor(es)	Atividade da amilase	Substrato utilizado	Organismo utilizado
pH	Mínimo 4,8	-Bhatnagar et al., 2010	48.13 Ugdfs 1⁻	Sêmea de trigo	*Aspergillus niger*
	Máximo 6,2	-Kumar et al., 2014	90 U/ml/min	Casca de lima doce	*Aspergillus niger*
Temperatura ($^{\circ}$ C)	Mínimo - 20	Ruban et al, 2013	9.7 mg/ml/min	Sagu resíduos efluentes	*Aspergillus* de *nigeriano*
	Máximo -70	Uguru et al.,	8 U/ml	Casca	de *Aspergillus*

			1997		inhame	*niger*
Tempo de incubação (h)	Mínimo - 72	Abdullah et al., 2014	432 U/ml/min		Sêmea de trigo	*Aspergillus niger*
	Máximo -144	Suganthi et al., 2011	86 U/mg		Bolo de óleo de amendoim	*Aspergillus niger*

Vinte (20) combinações foram sugeridas pela superfície de resposta d - conceção óptima. Foi determinada uma variável dependente (resposta) (atividade da amilase (U/ml/min), que era um triplicado de cada ensaio. Os níveis especificados em que cada fator foi variado durante a experiência são apresentados na tabela 2.

Quadro 2: Intervalo e níveis experimentais dos três factores utilizados no projeto central composto (CCD) para a produção de amilase.

Níveis	Factores independentes		
	pH	Temperatura/ C°	Tempo /h
α (+1.682)	7.68	70.23	168.54
+	7.00	60.00	144.00
0	6.00	45.00	108.00
-1	5.00	30.00	72.00
-α(-1.682)	4.32	19.77	47.46

3.1.3.1 Análise estatística e modelação

Os dados obtidos no final da execução da CCD foram analisados utilizando a análise de variância

(ANOVA), que foi posteriormente utilizada para ajustar uma equação polinomial de segunda ordem (1), uma vez que esta simbolizava adequadamente o desempenho de um sistema deste tipo (Sun, Liang, Zeng, Li, & Zhao, 2011).

$$y = \beta_o + \beta_1 A + \beta_2 B + \beta_3 C + \beta_{11} A^2 + \beta_{22} B^2 + \beta_{33} C^2 + \beta_{12} AB + \beta_{13} AC +$$

$$\beta_{23} BC \ldots \ldots \ldots (1)$$

Where $\quad y$ = predicted amylase response

β_o = Intercept

$\beta_1, \beta_2, \beta_3$ = variables linear effect

$\beta_{11}, \beta_{22}, \beta_{33}$ = squared effect of variables

$\beta_{12}, \beta_{13}, \beta_{23}$ = interactive effect of variables

$A, B, C, A^2, B^2, C^2, AB, AC, BC$ = independent variables

O valor do teste de Fisher foi utilizado para determinar se o modelo era estatisticamente significativo e o valor do coeficiente múltiplo de determinação, R ao quadrado (R^2), foi utilizado para explicar a proporção da variância do modelo. O software estatístico, Design Expert V 7.1 (Stat-Ease Inc., Minneapolis, EUA), foi utilizado para estas análises.

3.1.4 Produção de amilase, extração e medição da atividade

3.1.4.1 Produção de enzimas

Esta é a fase em que são criadas condições favoráveis para que o *Aspergillus niger* utilize o substrato de carbono e, subsequentemente, sintetize a enzima de interesse (amilase)

Procedimento - : Utilizou-se um balão de Erlenmeyer de 100 ml para efetuar o processo de fermentação. Pesaram-se cinco (5) g de cascas de inhame para o frasco de Erlenmeyer. As cascas de inhame foram humedecidas com 5 ml do meio de fermentação e bem misturadas. Em seguida, foi esterilizado numa autoclave a 121° C durante 15 minutos. Após o arrefecimento, 2 ml da suspensão de *Aspergillus niger* (3,96 X 10^6 células/ml) (Sakthi et al., 2012) foram utilizados para inocular as cascas de inhame e a fermentação foi efectuada utilizando várias combinações dos factores descritos na Tabela 2. As leituras de fermentação são médias de três experiências independentes.

3.1.4.2 Extração de enzimas do meio de fermentação

Esta fase é necessária para separar a enzima bruta do substrato de carbono, que foi utilizado para o processo de fermentação.

Procedimento - : Cinquenta (50) ml de tampão fosfato 0,1M (pH 6) (apêndice D) foram adicionados a cada um dos leitos de substrato inoculados e vigorosamente agitados num agitador orbital durante

30 min a 250 rpm (Ajikumar, Sivakumar, Selvakumar, & Shajahan, 2014). A mistura foi então filtrada através de um pano de queijo e centrifugada a 3600 g durante 15 min (Abu et al., 2005; Roslan, 2012). O sobrenadante decantado foi utilizado como enzima bruta.

3.1.4.3 Ensaio enzimático / Atividade enzimática

O ensaio enzimático mediu a quantidade de açúcares redutores produzidos como atividade da amilase utilizando o método do ácido dinitrosalicílico (DNS) (Apêndice C) (Sakthi et al., 2012).

3.1.4.4 DNS Método de medição da atividade da amilase

Procedimento -: A enzima bruta (0,5 ml) foi pipetada para tubos de ensaio rotulados. Foi também preparado um branco, que não continha enzima mas água destilada. Os tubos de ensaio do branco e da amostra foram incubados à temperatura ambiente durante 3 a 4 minutos. Adicionou-se uma solução de amido a 1% (apêndice E) (0,5 ml) a cada tubo de ensaio em intervalos de tempo iguais e deixou-se reagir com a enzima durante 3 minutos. Noutros intervalos de tempo, foi incluído 1 ml de reagente DNS (apêndice C) na mistura em cada tubo e todos os tubos foram incubados durante 5 minutos num banho de água a ferver. Depois de arrefecerem, adicionaram-se dez (10) ml de água destilada a cada tubo e leu-se a absorvância a 540 nm. Uma unidade de atividade de amilase foi explicada como a quantidade de enzima que liberta 1 μmole de açúcares redutores (maltose ou glucose) por minuto em condições de ensaio (Sakthi et al., 2012). A concentração dos açúcares redutores produzidos foi determinada a partir de uma curva padrão de glucose produzida nas mesmas condições de ensaio.

A atividade da amilase foi avaliada através da aplicação de uma fórmula padrão (Sajjad & Choudhry, 2012; Sindiri et al., 2013).

Atividade da amilase (U/ml/min) = Quantidade de açúcar libertado x 1000

Peso molecular da glucose x Tempo de incubação

A atividade específica da amilase após a fermentação foi calculada utilizando a fórmula;

Atividade específica (U/mg) = atividade enzimática/teor de proteínas (mg/ml)

3.1.5 Validação do modelo

Foi realizada uma última experiência para confirmar a resposta prevista da amilase utilizando os valores optimizados previstos de cada variável (parâmetro).

Capítulo 4

4.1 Resultados e discussão

4.1.1.1 Isolamento de *Aspergillus niger*

Registou-se um crescimento rápido do isolado no meio PDA. Produziu um crescimento de micélios esbranquiçados em 24 horas de incubação. Mais tarde, tornou-se amarelo e finalmente preto após 48 horas de incubação. O crescimento de *Aspergillus niger* na amostra de pão confirmou os relatórios feitos por Oyedeji (2016) e Okoko & Ogbomo (2010), segundo os quais, *Aspergillus niger* é o microrganismo mais comum associado à deterioração do pão.

4.1.1.2 Identificação através da coloração com azul de lactofenol de algodão

Microscopicamente, todas as diferentes culturas identificadas como KV1B, KV2B, KV3B, KV4B e KV5B foram confirmadas e identificadas como *Aspergillus niger* através do estudo da morfologia utilizando o manual de identificação padrão (Barnett & Hunter, 1972). Os conidióforos eram lisos e tinham cerca de 2 a 4 mm de comprimento; observaram-se versículos esféricos no topo com conídios globosos.

Ogbonna, Onwuliri e Ogbonna (2015) isolaram *Aspergillus niger* de uma amostra de solo que apresentava características semelhantes. Do mesmo modo, Siddique et al. (2014) isolaram *Aspergillus niger* que apresentava características semelhantes quando utilizaram a técnica de isco de batata para isolar os fungos da amostra de solo.

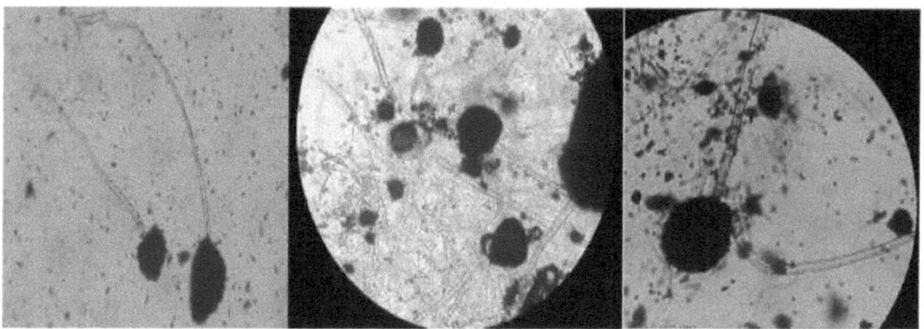

Placa 2: *Aspergillus niger* (40X) com conidióforos e conídios

4.1.1.3 Confirmação da atividade da amilase por *Aspergillus niger*

Com base na zona de desobstrução, os isolados apresentaram as seguintes medições, conforme indicado na tabela 3 abaixo:

Quadro 3: Medição das zonas de depuração exibidas por culturas isoladas de *Aspergillus niger*. As zonas de depuração indicam a amilase produzida por cada cultura

Cultura de *Aspergillus niger*	Zona livre (mm)
KV1B	20.60
KV2B	23.30
KV3B	20.90
KV4B	25.10
KV5B	29.00

A cultura KV5B de *Aspergillus niger* foi selecionada para estudos posteriores, uma vez que apresentava a maior área livre. Foi armazenada no frigorífico em placas de PDA para utilização posterior.

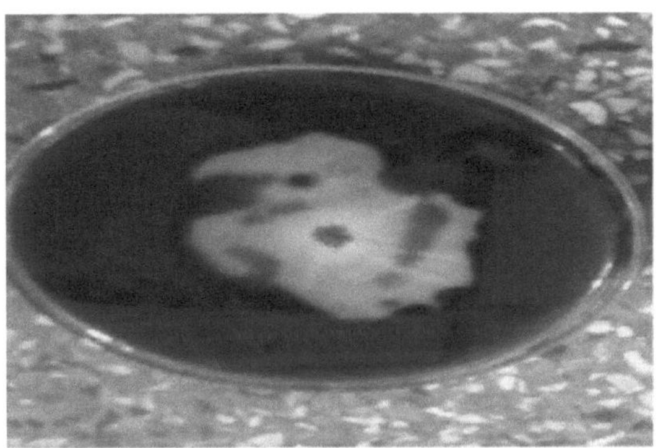

Placa 3: Área de hidrólise de *Aspergillus niger* em PDA com amido

4.1.2 Metodologia de superfície de resposta para otimizar os parâmetros do processo

A metodologia de superfície de resposta (RSM) foi utilizada para investigar os efeitos interactivos de vários factores que afectaram a produção máxima de amilase a partir de uma fonte fúngica em fermentação em estado sólido.

O modelo composto central (CCD), em comparação com o modelo Box-Behnken, é preferido por vários investigadores devido à sua capacidade de examinar cada variável em cinco (5) pontos diferentes, em comparação com o exame dos factores a três (3) níveis no modelo Box-Behnken. Esta abordagem do CCD permite ao investigador obter valores óptimos numa gama muito reduzida de cada fator (Khuri & Mukhopadhyay, 2010).

O efeito dos três (3) factores (variáveis) na maximização da produção de amilase é apresentado na tabela 4 abaixo.

Quadro 4: Matriz do projeto central composto fatorial completo com as respectivas respostas experimentais e previstas para a produção de amilase por *Aspergillus niger*

Corridas	Fator pH(inicial)	A: Fator Temp($^\circ$ C)	B: Fator C: Tempo (horas)	Resposta observada (Atividade U/ml/min)	Resposta prevista (Atividade U/ml/min)
1	6.00	19.77	108.00	5.95	2.76
2	5.00	30.00	72.00	15.74	17.04
3	7.00	30.00	72.00	15.45	17.00
4	5.00	30.00	144.00	5.60	7.90
5	7.00	30.00	144.00	5.71	7.96
6	6.00	45.00	47.46	18.75	18.00
7	6.00	45.00	108.00	34.90	30.16
8	6.00	45.00	108.00	35.85	30.16
9	6.00	45.00	108.00	28.27	30.16
10	6.00	45.00	108.00	20.63	30.16
11	7.68	45.00	108.00	30.03	28.14
12	6.00	45.00	108.00	32.33	30.16
13	4.32	45.00	108.00	29.96	28.31
14	6.00	45.00	108.00	20.36	30.16
15	6.00	45.00	168.54	14.09	11.31
16	5.00	60.00	72.00	20.81	21.06
17	7.00	60.00	72.00	20.61	20.81
18	5.00	60.00	144.00	21.20	22.15
19	7.00	60.00	144.00	20.78	21.99
20	6.00	70.23	108.00	18.28	17.94

O modelo de segunda ordem foi utilizado para prever a produção máxima de amilase, uma vez que mostra a contribuição linear, quadrática e interactiva de cada fator para maximizar a produção de amilase e aproxima uma curvatura parabólica para refletir um segmento da resposta exacta (Bradley, 2007). Box & Wilson (1951), os criadores do RSM, admitem que este modelo apenas fornece uma estimativa, mas utilizaram-no pelo facto de este modelo ser fácil de aproximar e abordar, mesmo com pouco conhecimento sobre um processo.

Os resultados obtidos (Quadro 4) com o desenho experimental foram analisados através da análise de variância (ANOVA) para determinar o nível de significância de cada fator, como se mostra no Quadro 5.

Tabela 5: Análise de variância (ANOVA) para a produção de amilase por *Aspergillus niger*

Fonte	Soma de Quadrados	Df	Média Quadrado	Valor F	valor p Prob > F	
Modelo	1427.69	9	158.63	7.97	0.0016	*Significativo*
A-pH(inicial)	0.03	1	0.03	1.65E-03	0.9684	
B-Temp	278.15	1	278.15	13.97	0.0039	
Tempo C	54.01	1	54.01	2.71	0.1306	
AB	0.023	1	0.02	1.16E-03	0.9735	
AC	3.92E-03	1	3.92E-03	1.97E-04	0.9891	
BC	52.28	1	52.28	2.63	0.1362	
A^2	6.73	1	6.73	0.34	0.5739	
B^2	706.98	1	706.98	35.51	0.0001	
C^2	432.92	1	432.92	21.74	0.0009	
Residual	199.10	10	19.91			
Falta de ajuste	41.94	5	8.39	0.27	0.9133	*Não significativo*
Erro puro	157.16	5	31.43			
Cor Total	1626.79	19				

Tabela 6: Resumo da ANOVA para a produção de amilase por *Aspergillus niger*

Desv. Dev.	4.46	R-quadrado	0.8776
Média	21.17	Adj R-quadrado	0.7675
C.V. %	21.08	Pred R-Squared	0.6661
IMPRENSA	543.22	Adeq Precision	8.684

A relação máxima entre a atividade enzimática (35,85 U/ml-min) e a atividade enzimática mínima (5,598 U/ml-min) foi de 6,40325, ou seja, inferior a 10. Isto sugeriu, portanto, que as transformações utilizando o inverso, a raiz quadrada e o logaritmo neutro não eram necessárias (Hassan & Karim, 2015; Tanyildizi, Selen, & Ozer, 2009). A partir da Tabela 5 acima, verificou-se que o modelo tinha um valor F de 7,97. Estatisticamente, isto implicava que o modelo era significativo e que havia apenas 0,16% de hipóteses de o valor F do modelo ter sido causado por erro. Valores de probabilidade (Prob > F) inferiores a 0,0500 especificam que os termos do modelo são significativos. Por conseguinte, o efeito linear da temperatura (B) e os efeitos quadráticos da temperatura (B^2) e do tempo de incubação (C^2) foram termos significativos na maximização da produção de amilase, uma vez que os seus valores de Prob>F foram 0,39%, 0,01% e 0,09%, respetivamente (Quadro 5). Além disso, a ANOVA também evidenciou que a interação máxima (52,28) ocorreu entre a temperatura (B) e o tempo de incubação (C). Os valores superiores a 0,100 (>0,100) indicam também uma não significância. Estatisticamente, a tabela ANOVA mostrou que a temperatura afectou a síntese da enzima na PSS mais do que qualquer um dos outros dois factores. Este resultado está de acordo com Lokeswari (2010), que também referiu que a temperatura era o fator mais importante entre outros dois factores quando *Bacillus subtilis* em SSF foi utilizado para produzir amilase, empregando a abordagem da metodologia da superfície de resposta. Outro relatório também mostrou que o tempo de incubação foi o fator mais importante que afectou a produção de amilase (Sun et al., 2011).

A falta de ajuste mostrou como o modelo descreveu de forma inadequada a correlação eficiente entre os factores experimentais e a variável resposta (Montgomery, 2013). A tabela ANOVA (Tabela 5) indicou um valor F - de 0,27 para a falta de ajuste, o que implicou que a falta de ajuste era insignificante em relação ao erro puro. Esta "falta de ajuste" não significativa de 91,33% mostrou que o modelo quadrático foi eficaz e suficiente para a otimização dos factores que obtiveram uma produção óptima da enzima amilase (Hassan & Karim, 2015; Montgomery, 2013).

O coeficiente de correlação múltipla (valor R^2) mede a proporção da variabilidade que foi descrita pelo modelo (Montgomery, 2013). Quanto mais próximo R^2 estiver de um (1), melhor será a ligação entre os valores previstos e os valores reais. Neste caso, o valor de R^2 de 0,8776 (Tabela 6) indicou que o modelo oferecia um coeficiente de determinação relativamente elevado e podia elucidar 87,76% da variabilidade que ocorreu na resposta. O valor de 0,6661 do R^2 previsto (que mostra o quão bem o modelo de regressão poderia ter previsto as respostas para a nova observação) (Tabela 6) estava em concordância prática com o R^2 ajustado de 0,7675 (Tabela 6), uma vez que a diferença entre ambos os R^2 era inferior a 0,200 ($R^2 < 0,200$) (Hassan & Karim, 2015).

A precisão adequada mede o rácio entre o sinal e o ruído; um rácio superior a quatro (4) é desejável (Hassan & Karim, 2015). O rácio de 8,684 (Tabela 6) mostrou um sinal adequado, implicando que este modelo era fiável na otimização das variáveis de processo escolhidas para a produção máxima de amilase (Hassan & Karim, 2015).

O grau de precisão com que as experiências foram associadas foi indicado pelo coeficiente de variação (CV) (um valor elevado de CV indica geralmente uma menor fiabilidade da experiência) (Prajapati et al., 2015). Neste estudo, um CV baixo de 21,08% (Tabela 6) significou que as experiências realizadas eram fiáveis.

A estatística PRESS (Prediction error sum of squares - soma de quadrados do erro de previsão) mediu a eficiência do modelo na previsão de novos dados (um modelo que se espera ser um bom preditor geralmente tem um PRESS pequeno (Montgomery, 2013)). Neste estudo, uma PRESS de 543,22 (Tabela 6) indicou que o modelo era elevado na previsão de novos dados.

A equação de regressão final, obtida após a ANOVA, forneceu o nível de produção de amilase em função do pH (inicial), da temperatura e do tempo de incubação. Todos os termos, independentemente do seu significado, foram incluídos na equação de regressão como

$$\text{Amylase activity (U/ml/min)} \quad y = 30.16 - 0.049A + 4.5B - 1.99C - 0.68A^2 - 7.00B^2 - 5.48C^2 - 0.054AB + 0.022AC + 2.56BC \dots \dots$$

(2)

Esta é uma regressão polinomial de segunda ordem que mostra o efeito linear (A, *B, C)* quadrático (A^2, B^2, C^2) e interativo (AB, AC, BC) dos factores na variável dependente (y: atividade da amilase).

A partir desta equação, ficou evidente que a temperatura (B), a interação entre o pH (A) e o tempo (C) e a interação entre a temperatura (B) e o tempo (C) afectaram positivamente a produção de enzimas. Esta equação também confirma que a temperatura teve uma contribuição imensa para a atividade total da amilase, uma vez que o seu efeito linear (+ 4,51) em relação aos outros factores contribuiu mais de 4 vezes para os outros dois factores. Além disso, a equação de regressão também confirma a interação máxima entre a temperatura (B) e o tempo de incubação (C) (+ 2,56).

4.1.2.1 Localização e análise do ponto estacionário

Uma vez que a equação polinomial de segunda ordem acima (2) explica a superfície de resposta, foi necessário analisar as definições óptimas da superfície de resposta (Bradley, 2007). As superfícies quadráticas, por exemplo, os pontos de mínimo, máximo e de sela, são ilustradas pelo modelo de segunda ordem (Bradley, 2007). Um ponto estacionário está localizado onde existe um ótimo (Bradley, 2007). O ponto estacionário é uma combinação de factores de conceção em que a superfície atinge uma direção máxima ou uma direção mínima. As diferentes direcções (mínima e máxima) de um ponto estacionário são designadas por ponto de sela (Bradley, 2007; Montgomery, 2013). Para localizar o ponto estacionário, foi utilizada uma notação matricial para representar o modelo de segunda ordem como tal, a saber

$$\hat{y} = \hat{\beta}_0 + xb + x`\beta x \quad \text{(Montgomery, 2013).}$$

A $\hat{y}$ A derivada em relação aos elementos do vetor x é

$$\frac{d\hat{y}}{dx} = b + 2\beta x = 0$$

Isto resulta numa (Eqn 3) final que, quando resolvida, permite a localização do ponto estacionário;

$$Xs = -\frac{1}{2}\beta^{-1}b \ldots\ldots\ldots\ldots\ldots \text{Eqn. 3 (Montgomery, 2013).}$$

$$
\text{Where } Xs = \begin{matrix} X1 = A \\ X2 = B \\ X3 = C \end{matrix} \qquad b = \begin{matrix} \beta1 \\ \beta2 \\ \beta3 \end{matrix} \qquad \beta = \begin{matrix} \beta11 & \beta12/2 & \beta13/2 \\ \beta12/2 & \beta22 & \beta23/2 \\ \beta13/2 & \beta23/2 & \beta32 \end{matrix}
$$

O rendimento máximo estimado da amilase nos pontos estacionários dos factores foi resolvido pela equação (4)

$$\hat{y} = \hat{\beta}_0 + \frac{1}{2}Xs\,'b \quad \ldots \text{Eqn. 4 (Montgomery, 2013).}$$

A visualização gráfica permite a compreensão da equação da superfície de resposta (Montgomery, 2013). Especificamente, os gráficos de contorno podem ajudar a distinguir a forma da superfície e a localizar as respostas óptimas com uma precisão justa (Montgomery, 2013). A produção de amilase em gráficos bidimensionais (2D) e tridimensionais (3D) foi estudada entre quaisquer duas variáveis independentes, mantendo os outros factores independentes nos seus níveis optimizados. Ao analisar os gráficos 2D e 3D, soluções óptimas bem definidas (níveis) tornaram-se óbvias quando havia uma superfície de resposta convexa;

no entanto, uma superfície ligeiramente simétrica e plana perto do ótimo indicou que os valores optimizados podem não contrastar amplamente com as condições de variável única (Hassaïne et al., 2014). Uma interação perfeita entre variáveis independentes tornou-se evidente quando se verificou o desenvolvimento de contornos elípticos e a menor eclipse no diagrama de contornos apresentou o valor máximo previsto (Hassaïne et al., 2014; Poddar, Ghara, & Jana, 2012). Em contrapartida, as interacções entre variáveis foram consideradas negligenciáveis quando se formaram gráficos de contorno circulares (Hassaïne et al., 2014).

Ao considerar todas as combinações possíveis, foram obtidas três (3) superfícies de resposta, como mostram as figuras 5 a 7 abaixo;

4.1.2.2 Efeito da temperatura (B) e do pH (inicial) (A) na produção de amilase

A Figura 5 ilustra a interação entre a temperatura (B) e o pH inicial (A) na produção de amilase quando o tempo de incubação foi mantido ao nível optimizado.

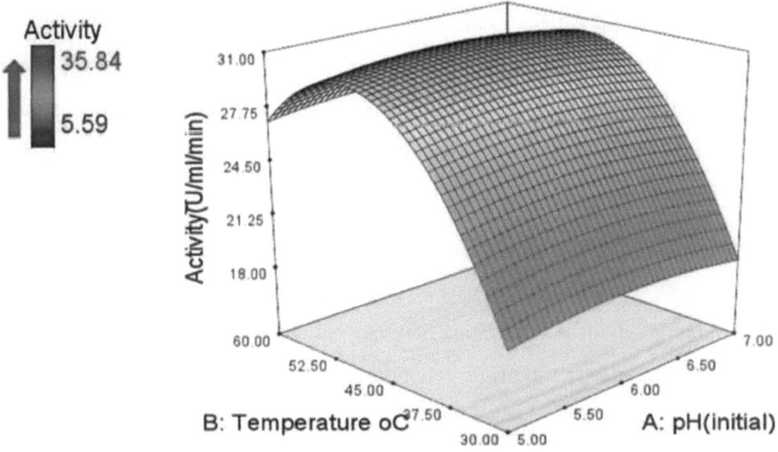

Figura 5-a: Gráfico de contorno mostrando a interação entre temperatura e pH quando o tempo de incubação foi de 104 h

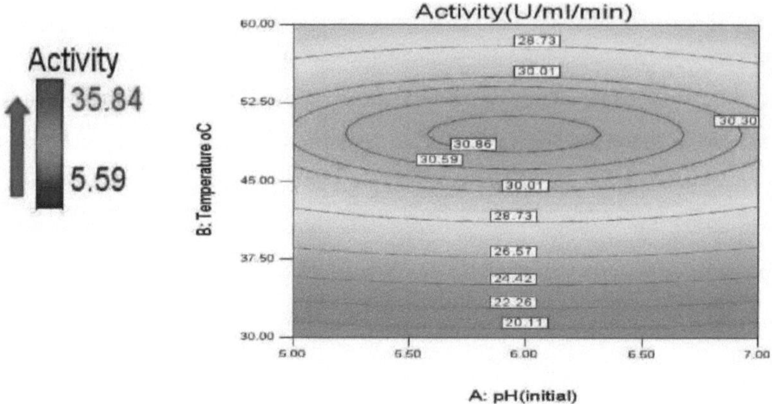

Figura 5-b: Superfície de resposta mostrando a interação entre a temperatura e o pH quando o tempo de incubação foi de 104 h.

O gráfico de contorno (Figura 5a) mostrou que, a um nível de temperatura mais baixo (30° C), se registou uma baixa atividade de amilase (20,11 U/ml/min), como se mostra na Figura 5b; no entanto, um aumento gradual da temperatura (Figura 5b) provocou um aumento da atividade de amilase até uma gama de temperaturas de 45 - 50° C (Figura 5a), em que a atividade enzimática atingiu o seu nível ótimo de (30,86 U/m/min) (Figura 5a). Um aumento da temperatura para além de 52,50° C provocou uma diminuição da atividade da amilase (28,73 U/ml/min) (Figura 5a), como se mostra na Figura 5b.

A variação do pH (inicial) em relação à temperatura pareceu marginal (o que é demonstrado pela natureza paralela da superfície de resposta ao eixo do pH na Figura 5b), uma vez que os níveis 5 - 7 suportaram a atividade enzimática máxima. No entanto, observou-se um ligeiro aumento da atividade da amilase a um pH de cerca de 6 (Figura 5b).

A atividade da amilase (U/ml/min) de acordo com este gráfico mostrou uma relação quadrática com a variação da temperatura. No entanto, o aumento da atividade da amilase foi apenas mínimo com a variação do pH.

A temperatura é um fator ambiental crucial que controla o crescimento dos microrganismos e a produção de metabolitos secundários, sendo normalmente diversa entre diferentes microrganismos (Vishnu, Soniyamby, Praveesh, & Hema, 2014). As baixas actividades (20,11 - 26,57 U/ml/min) da amilase a baixas temperaturas podem ser atribuídas à redução do metabolismo dos microrganismos a estas baixas temperaturas, resultando assim na redução da síntese da enzima (Rosas & Guerra, 2009). Em contrapartida, as temperaturas mais elevadas (60° C) que registam actividades baixas (28,73 U/ml/min) podem também estar associadas à inativação ou paragem da viabilidade celular e à desnaturação da enzima a estas temperaturas elevadas (Hassan & Karim, 2015; Rosas & Guerra, 2009). Neste estudo, a atividade óptima variou entre as temperaturas de 45 -52,50° C (Figura 5a). Durante a incubação fúngica, observou-se que a uma temperatura mais baixa (30° C) os fungos cresceram profusamente, tornando todo o leito do substrato preto, enquanto a uma temperatura mais alta (45° C) houve um crescimento fúngico relativamente mínimo. No entanto, a menor atividade (20,11 U/ml/min) foi registada a 30° C e a maior atividade (30,86 U/ml/min) foi registada a 45° C. Isto pode ser uma confirmação da afirmação de que a temperatura vital para o crescimento fúngico era diferente da temperatura necessária para a síntese enzimática (Yadav, 1987). Este resultado contrasta ligeiramente com as faixas de temperatura relatadas para a produção de amilase fúngica de 25 - 37° C (Mamantha *et al.*, 2012; Sivaramakrishnana *et al.*, 2006). No entanto, foram comunicados níveis óptimos de temperatura entre 50 - 55° C, especialmente para as culturas fúngicas termofílicas de *Thermomyces lanuginosus*, *Talaromyces emersonii* e *Thermomonospora fusca* (Haasum *et al.*, 1991). Uguru *et al.* (1997) também obtiveram uma temperatura óptima de 70° C para a atividade de amilase quando *Aspergillus niger* foi cultivado em cascas de inhame. Do mesmo modo, Sethi e Gupta (2015) obtiveram uma atividade máxima de amilase a 45° C ao cultivar *Aspergillus fumigatus* em farelo de trigo. Suganthi *et al.* (2011), mostraram que 40° C era adequado para uma maior produção de amilase em meio de bolo de óleo de coco e 45° C em meio de farelo de arroz quando *Aspergillus niger* foi cultivado neles. Por conseguinte, parece que a estirpe específica de *Aspergillus niger* utilizada também pode influenciar a temperatura óptima para a produção de enzimas.

A Figura 5. também mostra que *Aspergillus niger* tem uma preferência por pH dentro dos níveis ácido e neutro, como Okolo et al., (1995) relataram uma observação semelhante. No entanto, a ligeira diminuição da atividade da amilase a um nível de pH superior a 6 pode provavelmente resultar de um declínio na atividade metabólica do *Aspergillus niger* (Rosas & Guerra, 2009). Uguru et al. (1997) registaram um pH de 5,5 como sendo o ótimo para a atividade de amilase quando *Aspergillus niger* foi cultivado em cascas de inhame. Do mesmo modo, Tamilarasan, Muthukumaran e Kumar, (2012) registaram um pH ótimo de 7,2 para a atividade máxima da amilase de *Aspergillus oryzae* MTCC1847 utilizando RSM. O pH e a temperatura óptimos obtidos neste estudo são consistentes com outros relatórios.

Foi demonstrado que o domínio (45 -52,50° C) (Figura 5a) promove a produção de amilase com a atividade mais elevada. Este domínio implica que, qualquer temperatura escolhida dentro deste intervalo resultará na produção máxima de amilase com elevada atividade; assim, as indústrias podem poupar a energia necessária para produzir amilase a 52,50° C baixando a temperatura para 45° C para produzir a mesma amilase com elevada atividade, uma vez que as actividades obtidas não são significativamente diferentes ($p > 0,05$), e ao fazê-lo poupam cerca de 11% da necessidade total de energia. A menor influência da variação do pH na atividade da amilase torna flexível a escolha de qualquer valor de pH dentro da gama, uma vez que qualquer dos valores de pH pode resultar na produção de amilase com elevada atividade.

4.1.2.3 Efeito do tempo de incubação (C) e do pH inicial (A) na produção de amilase

A figura 6 ilustra a interação entre o pH inicial e o tempo de incubação na produção de amilase quando a temperatura foi mantida ao nível optimizado.

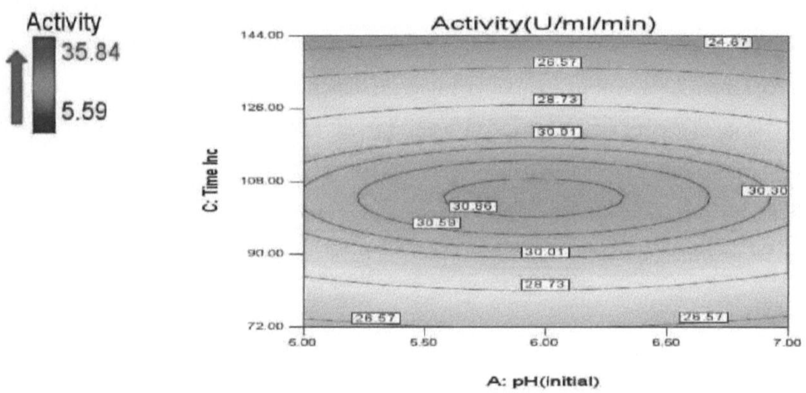

Figura 6-a: Gráfico de contorno mostrando a interação entre o tempo de incubação e o pH quando a temperatura é de 49,53 C°

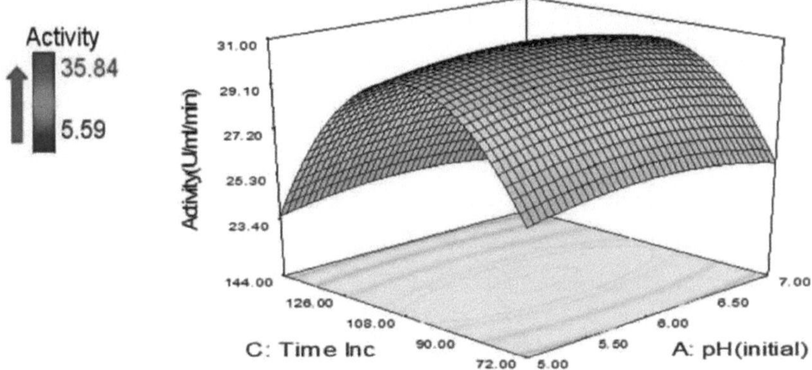

Figura 6-b: Superfície de resposta mostrando a interação entre o tempo de incubação e o pH quando a temperatura é de 49,53 C°

Os gráficos de contorno (Figura 6a) são elípticos e facilitam a identificação dos níveis óptimos. O baixo tempo de incubação (72 h) registou níveis relativamente baixos de atividade de amilase de 26,57 U/ml/min (Figura 6a). No entanto, a atividade da amilase aumentou para além do período de incubação de 72 h (Figura 6b) e a atividade mais elevada de 30,86 U/ml/min foi registada num intervalo de 90 - 108 h (Figura 6a). Os períodos de incubação superiores a 108 h (Figura 6b) resultaram numa atividade enzimática relativamente reduzida (26,57 U/ml/min) (Figura 6a). Períodos de incubação curtos apresentam a possibilidade de produzir uma enzima com menor atividade (Vishnu et al., 2014) porque os microrganismos estão normalmente na sua fase de atraso durante esses períodos. Uma diminuição da atividade enzimática em períodos de incubação mais longos pode ser atribuída ao esgotamento dos nutrientes e do teor de açúcar no meio, resultando indiretamente na geração de metabolitos secundários pelo fungo, inibindo assim a produção de enzimas (Abdullah, Shaheen, Idtedar, Naz, & Iftikhar, 2014; Alnour, Bashir, Elyas, Elkhidir, & Ibrahim, 2015). Suganthi et al. (2011) relataram 6 dias de incubação para a produção máxima de amilase de *Aspergillus niger* em bolo de óleo de amendoim. Da mesma forma, Uguru et al. (1997) relataram a maior atividade de amilase no 4th dia de incubação de *Aspergillus niger* em cascas de inhame. Utilizando *Aspergillus niger* em resíduos de efluentes de sagu, a atividade da amilase foi observada no 5th dia de incubação (Ruban, Sangeetha, & Indira, 2013). Assim, os níveis óptimos de incubação (3 dias 18 h - 4 dias 12 h, ou seja, 90 h - 108 h, respetivamente) observados nesta investigação são consistentes com outros relatórios.

O pH inicial (5,50) resultou numa baixa produção de amilase (26,57 U/ml/min) (Figura 6b). O aumento do pH para 6 resultou num aumento concomitante da atividade (28,73 U/ml/min) (Figura 6a). No entanto, um novo aumento do pH provocou uma nova diminuição da atividade (26,57 U/ml/min) (figura 6a).

Tal como indicado anteriormente, os níveis iniciais de pH parecem ter pouca influência na atividade da amilase, uma vez que os níveis escolhidos (5 - 7) favorecem o crescimento de *Aspergillus niger* (Gowthaman et al., 2001).

Em resumo, os níveis de pH (5 - 7) mostraram novamente ter pouca influência na atividade da amilase, mesmo quando interage com o tempo de incubação. No entanto, um pH mais baixo será mais vantajoso, nomeadamente, para inibir as bactérias contaminantes da fermentação. O domínio de incubação (90 h - 108 h) aqui indicado, sugere que a escolha de qualquer um dos períodos de incubação dentro do domínio para produzir a amilase não afectará significativamente a atividade da enzima produzida. Assim, poder-se-ia poupar tempo escolhendo um menor número de dias. No entanto, o tamanho do inóculo deve ser considerado ao escolher o tempo de incubação, uma vez que pode afetar a enzima produzida.

A Figura 7 ilustra a interação entre o tempo de incubação e a temperatura na produção de amilase quando o pH inicial foi mantido ao nível optimizado.

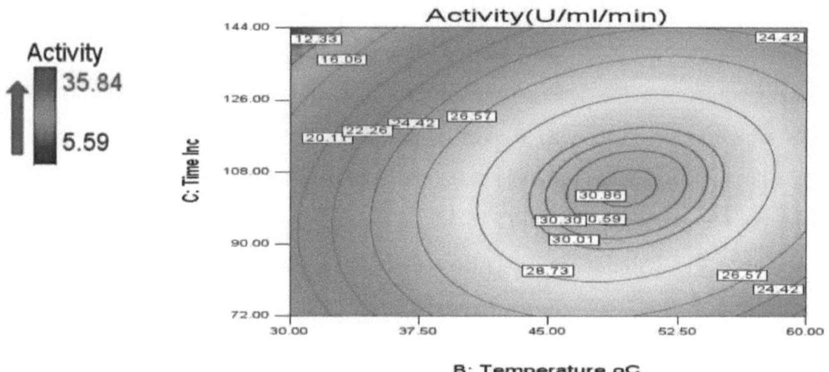

Figura 7: Gráfico de contorno mostrando a interação entre o tempo de incubação e a temperatura quando o pH é 5,95

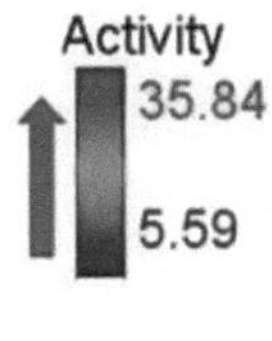

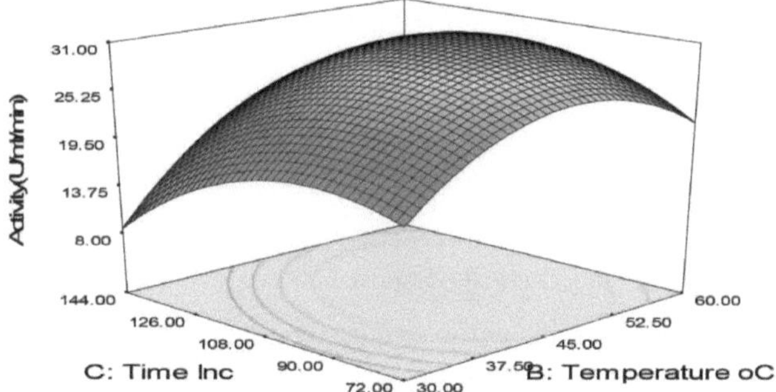

Figura 7-b: Superfície de resposta mostrando a interação entre o tempo de incubação e a temperatura quando o pH é 5,95

A superfície de resposta (Figura 7b) é quase elíptica, indicando uma interação perfeita entre o tempo de incubação e a temperatura. As actividades da amilase (20,11 U/ml/min e 24,42 U/ml/min) (Figura 7a) foram baixas em períodos de incubação curtos (72 horas) e a um nível baixo de temperatura (30° C), respetivamente (Figura 7b). A atividade mais elevada (30,86 U/ml/min) foi registada entre 90 - 108 h de incubação (Figura 7a). Períodos de incubação superiores a 108 h resultaram numa diminuição da atividade da amilase (24,42 U/ml/min) (Figura 7b). Simultaneamente, um aumento da temperatura registou um aumento da atividade (Figura 7b), com a atividade mais elevada de 30,86 U/ml/min registada entre 45° C - 52,50° C (Figura 7a). Um novo aumento da temperatura para além de 52,50° C resultou numa diminuição da atividade da amilase (24,42 U/ml/min) (Figuras 7 a & b). A diminuição da atividade da amilase a um período de incubação mais longo em relação a temperaturas mais elevadas pode ser atribuída à evaporação da humidade no substrato e à decomposição da amilase pelas interacções com outros componentes no meio (Kalaiarasi & Parvatham, 2013; Kammoun, Naili, & Bejar, 2008). Sun et al. (2011) registaram um aumento e uma diminuição simultâneos semelhantes na atividade da amilase quando o tempo e a temperatura de incubação não se encontravam nos seus intervalos ideais.

No grau de significância entre o tempo de incubação e a temperatura, a temperatura de incubação parece ser mais significativa do que o tempo de incubação no aumento da atividade da amilase, uma vez que os contornos se dirigem para o nível da temperatura (Figura 7a).

A partir dos três (3) gráficos de superfície de resposta, é evidente que as gamas de pH inicial, temperatura e tempo de incubação na otimização da produção de amilase são 5 - 6, 45 - 52,50°

C e 90 - 108 h, respetivamente. Estes intervalos foram posteriormente analisados pelo Design Expert (Versão 7) utilizando as equações 3 e 4 (página 50) (já incorporadas no software Design Expert) para fornecer o valor ótimo de cada fator e também a atividade estimada da amilase quando estes factores optimizados são utilizados na produção da enzima.

4.1.3 Otimização de parâmetros

A metodologia de superfície de resposta obteve os valores óptimos de cada fator que resultariam num rendimento enzimático máximo com intervalos de confiança favoráveis, tal como indicado na tabela abaixo.

Quadro 7: Solução para otimizar a produção de amilase por *Aspergillus niger*

Nome	Objetivo	Inferior Limite	Limite superior	Peso	Peso	Importância
pH(inicial)	está intervalo	no 5.0	7.0	1	1	3
Temp	está intervalo	no 30.0	60.0	1	1	3
Time Inc.	está intervalo	no 72.0	144.0	1	1	3
Atividade	maximizar	5.5	35.8	[1]	[1]	[5]

Soluções

Número

	pH(inicial)	Temp	Tempo	Atividade	Desejabilidade	
1	5.95	49.53	104.00	30.95	0.838	Selecionado

Ao definir o pH inicial, a temperatura e o tempo de incubação no intervalo e a atividade da amilase (resposta) no rendimento máximo, os valores das variáveis 5,95, 49,53° C e 104 h, respetivamente, como indicado na tabela 7, foram previstos para cada um, respetivamente, utilizando a equação 3 (página 50). A atividade enzimática optimizada prevista quando estes factores foram variados foi de 30,95 U/ml/min (equação 4) (página 50). Uma desejabilidade de 83,8%, que é próxima de 100%, significa que houve uma elevada favorabilidade na utilização destes valores optimizados para obter a atividade de amilase prevista e que a tendência para obter a respectiva atividade enzimática utilizando estes valores optimizados é elevada.

Foram realizadas experiências em triplicado para validar as condições optimizadas previstas pelo RSM. Os resultados tabulados na Tabela 8 provam que estes valores previstos pelo RSM podem ser utilizados na otimização da produção de amilase utilizando *Aspergillus niger* em cascas de inhame em SSF, uma vez que os valores previstos e experimentais são próximos.

Tabela 8: Validação da produção de amilase por *Aspergillus niger* utilizando os valores optimizados previstos de pH inicial (5,95), temperatura (59,53oC) e tempo de incubação (104 horas)

Correr	Atividade enzimática (U/ml/min) (Experimental)	Atividade enzimática (U/ml/min) (Previsto)	Diferença percentual (%)
1	30.41	30.95	1.15
2	32.05	30.95	6.24
3	29.66	30.95	4.15

Esta enzima amilase em bruto pode ainda ser caracterizada bioquimicamente após a enzima ter sido total ou parcialmente purificada.

4.1.4 Importância da metodologia de superfície de resposta neste estudo

A metodologia de superfície de resposta tem várias vantagens em comparação com a abordagem clássica de uma variável num determinado momento (OVAT) (Baş & Boyaci, 2007b). A OVAT é útil para o rastreio e determinação dos efeitos individuais na resposta final. No entanto, a sua eficácia na determinação das regiões de resposta óptima é muito influenciada pelos efeitos conjuntos dos factores no produto/resposta final. A abordagem OVAT normalmente não consegue determinar a interação entre factores que normalmente resulta na resposta óptima, resultando assim numa maior probabilidade de interpretação de falsas condições óptimas (Then et al., 2016). É aqui que as ferramentas estatísticas, como a RSM, entram em jogo para determinar os efeitos interactivos destes factores no produto/resposta final e fornecer níveis óptimos destes factores de processo que podem ser utilizados para a produção óptima da resposta desejada.

A metodologia de superfície de resposta oferece uma grande quantidade de informação a partir de um pequeno número de experiências (Baş e Boyaci, 2007b), em comparação com a OVAT clássica, em que é necessário um grande número de experiências para explicar o comportamento de um sistema. A partir do estudo, ficou evidente que o projeto composto central fatorial empregado na RSM faz uso eficiente dos dados experimentais, permitindo assim que qualquer informação sobre como um determinado fator contribuiu para o alto rendimento de amilase seja revelada. A equação de regressão polinomial (Equação 2) revelou rapidamente a forma como os factores contribuíram individualmente, interactivamente e em conjunto para a produção de amilase por *Aspergillus niger*. Isto é muito importante, especialmente num processo bioquímico em que é necessário monitorizar os efeitos de interação, como a adição, o antagonismo e o sinergismo (Baş e Boyaci, 2007b), o que é normalmente ignorado na abordagem OVAT.

O OVAT também não consegue determinar os factores significativos que podem resultar na obtenção da resposta óptima quando factores independentes interagem. Não é este o caso da RSM. Neste estudo, a equação de regressão polinomial (Equação 2) e a ANOVA (Tabela 5) forneceram informações suficientes sobre quais destes factores tinham muita influência na produção de amilase, tanto diretamente como quando interagiam. Neste caso, a temperatura foi identificada como o fator mais influente que afecta a produção de amilase quando estes factores interagem.

A incorporação de desenhos compostos centrais factoriais na RSM permite que os efeitos de um fator sejam estimados a vários níveis dos outros factores, produzindo conclusões que são válidas numa série de condições experimentais. Neste estudo, cada fator foi examinado em cinco níveis, a saber, $+\alpha$, $+1$, 0, -1 e $-\alpha$. Isto permite a avaliação adequada de cada nível quando interagem, sendo assim eficiente na determinação dos níveis aproximados de cada fator que permitiram a produção óptima de amilase por *Aspergillus niger*.

Os desenhos de superfície de resposta também fornecem desenhos gráficos bidimensionais (2D) e tridimensionais (3D) para visualizar facilmente o progresso do processo bioquímico

Em relação a estes aspectos, pode concluir-se que a RSM é útil para a otimização de processos bioquímicos.

Capítulo 5

5.1 Conclusão

A partir do estudo realizado, parece ser viável a aplicação de RSM em SSF para otimizar os factores do processo de produção de amilase utilizando um fungo isolado localmente em países em desenvolvimento como o Gana. Esta abordagem estatística demonstrou ser muito útil, especialmente quando é necessário monitorizar o resultado máximo do produto e a interação entre as variáveis do processo.

Referências

Abarca, M., & Bragulat, M. (1994). Produção de ocratoxina A por estirpes de *Aspergillus niger* var. *niger*. *Applied and Environmental Microbiology, 60*(7), 2650-2652.

Abdullah, R., Shaheen, N., Idtedar, M., Naz, S., & Iftikhar, T. (2014). Otimização das condições culturais para a produção de alfa amilase por *Aspergillus niger* (BTM -26) em fermentação em estado sólido. *Pakistan Journal of Botany, 46*(3), 1071-1078.

Abo-zaid, A. G., Wagih, E. E., Matar, S. M., Ashmawy, N. A., & Hafez, E. E. (2015). Otimização da produção de piocianina de *Pseudomonas aeruginosa* JY21 usando projetos experimentais estatísticos. *Jornal Internacional de Pesquisa ChemTech, 8*(9), 137-148.

Abu, E. A., Ado, S. A., & James, D. B. (2005). Produção de amilase degradativa de amido cru por cultura mista de *Aspergillus niger* e *Saccharomyces cerevisae* cultivada em bagaço de sorgo. *Jornal Africano de Biotecnologia, 4*(8), 785-790.

Adejuwon, A. O., Oluduro, A. O., Agboola, F. K., Olutiola, P. O., Burkhardt, B. A., & Segal, S. J. (2015). Expressão de α-Amilase por *Aspergillus niger*: efeito da fonte de nitrogênio do meio de crescimento. *Relatório e Opinião, 7*(5), 10-12.

Aiyer, P. V. (2005). Amilases e suas aplicações. *Jornal Africano de Biotecnologia, 4*(13), 1525-1529.

Ajikumar, A. ., Sivakumar, N., Selvakumar, G., & Shajahan, S. (2014). Produção e caraterização parcial de α -amilase de *Aspergillus* sp . Cmst 04 isolado de solo estuarino por fermentação em estado sólido. *Jornal Internacional de Biotecnologia Avançada e Pesquisa, 5*(1), 1-11.

Alnour, M. I., Bashir, K. I., Elyas, O., Elkhidir, E. E., & Ibrahim, H. M. (2015). Otimização de algumas condições de cultura para aumentar a produção de amilase usando a metodologia de superfície de resposta. *Revista Internacional de Microbiologia Atual e Ciências Aplicadas, 4*(12), 157-165.

Amanullah, A., Blair, R., Nienow, A. W., & Thomas, C. R. (1999). Efeitos da intensidade da agitação na morfologia micelial e na produção de proteínas em culturas em quimiostato de *Aspergillus oryzae* recombinante. *Biotechnology and Bioengineering, 62*(4), 434446.

Barnett, H. L., & Hunter, B. B. (1972). *Géneros ilustrados de fungos imperfeitos. Burgess*

Pub. Co (18ª ed.). Minneapolis.

Baş, D., & Boyaci, I. H. (2007a). Modelagem e otimização II: Comparação das capacidades de estimativa da metodologia de superfície de resposta com redes neurais artificiais em uma reação bioquímica. *Jornal de Engenharia de Alimentos*, *78*, 846-854.

Baş, D., & Boyaci, Ì. H. (2007b). Modelagem e otimização I: Usabilidade da metodologia de superfície de resposta. *Jornal de Engenharia Alimentar*, *78*(3), 836-845.

Baysal, Z., Uyar, F., & Aytekin, Ç. ı. (2003). Fermentação em estado sólido para a produção de α-amilase por um *Bacillus subtilis* termotolerante a partir de água de nascente quente. *Process Biochemistrystry*, *38*(12), 1665-1668.

Becks, S., Bielawaski, C., Henton, D., Padala, R., Burrow, K., & Slaby, R. (1995). Aplicação de um reagente líquido estável de amilase no sistema de química clínica ciba corning express. *Clinical Chemistry*, *41*, 186-204.

Bernfeld, P. (1955). Amylases, A e B. *Methods in Enzymology*, *1*, 149-158.

Bhargav, S., Panda, B. P., Ali, M., & Javed, S. (2008). Fermentação em estado sólido: uma visão geral. *Chemical and Biochemical Engineering Quaterly*, *22*(1), 49-70.

Bhimba, B. V., Yeswanth, S., & Naveena, B. F. (2011). Caracterização da enzima amilase extracelular produzida por *Aspergillus flavus* MV5 isolada de sedimento de mangue. *Indian Journal of Natural Products and Resources*, *2*(junho), 170-173.

Bijttebier, A., Goesaert, H., & Delcour, J. (2008). Padrão de ação da amilase em polímeros de amido. *Biologia*, *63*(6), 989-999.

Blanch, D. W., & Clark, D. S. (1997). *Biochemical engineering*. New York: Marcel Dekker.

Box, G. E. P., & Wilson, K. B. (1951). On the experimental attainment of optimum conditions. *Journal of the Royal Statistical Society*, *13*(1), 1-45.

Bradley, N. (2007). *A Metodologia de Superfície de Resposta. Universidade de Indiana de South Bend*. Universidade de Indiana de South Bend.

Bunni, L., Mchale, L., & Mchale, A. P. (1989). Produção, isolamento e caraterização de um sistema de amilase produzido por *Talaromyces emersonii*, *11*, 05.

Busch, J. E., & Stutzenberger, F. J. (1997). Atividade amilolítica de Thermomonospora fusca. *Jornal Mundial de Microbiologia e Biotecnologia*, *13*, 637-642.

Chen, D. (2012). *Aspergillus niger*. Recuperado em 9 de setembro de 2015, de http://eol.org/pages/2920814/details

Chi, Z., Ma, C., Wang, P., & Li, H. F. (2007). Otimização do meio e das condições de cultivo para a produção de protease alcalina pela levedura marinha *Aureobasidium pullulans*. *Bioresource Technology, 98*(3), 534-538.

Couto, S. R., & Sanromân, M. a. (2006). Aplicação da fermentação em estado sólido à indústria alimentar - uma revisão. *Jornal de Engenharia Alimentar, 76*(3), 291-302.

Dar, G. H., Kamili, A. N., Nazir, R., Bandh, S. A., & Malik, T. A. (2014). Produção biotecnológica de α -amilases para fins industriais: Os fungos têm potencial para produzir α -amilases? *Revista Internacional de Investigação em Biotecnologia e Biologia Molecular, 5*(4), 35-40.

Davies, G. J., Wilson, K. S., & Henrissat, B. (1997). Nomenclatura para subsítios de ligação de açúcar em hidrolases de glicosilo. *The Biochemical Journal, 321 (Pt 2, 557-559.*

Dean, A., & Voss, D. (1999). *Design e análise de experiências. Springer texts in Statistics* (1ª ed.). Nova Iorque, Estados Unidos da América: Springer texts in statistics.

de Souza, P. M., & de Oliveira Magalhaes, P. (2010). Aplicação de α- amilase microbiana na indústria - Uma revisão. *Brazilian Journal of Microbiology : [Publicação da Sociedade Brasileira de Microbiologia], 41*(4), 850-61.

de Souza Teodoro, C. E., & Martins, M. L. L. (2000). Condições de cultivo para a produção de amilase termoestável por *Bacillus* sp. *Brazilian Journal of Microbiology, 31*, 298-302.

Dhawale, M., Wilson, J., Khachatourians, G., & Mike, W. (1982). Método melhorado para a deteção da hidrólise do amido. *Applied and Environmental Microbiology, 43*(4), 747-750.

Dzogbefia, V. P., Amoke, E., Oldham, J. H., & Ellis, W. O. (2001). Produção e utilização de enzimas pectolíticas de levedura para auxiliar a extração de sumo de ananás. *Food Biotechnology, 15*(1), 25-34.

Francis, F., Sabu, A., Nampoothiri, K. M., Ramachandran, S., Ghosh, S., Szakacs, G., & Pandey, A. (2003). Utilização da metodologia de superfície de resposta para otimizar os parâmetros do processo para a produção de α-amilase por *Aspergillus oryzae*. *Biochemical Engineering Journal, 15*(2), 107-115.

Fuwa, H. (1954). Um novo método para a microdeterminação da atividade da amilase através da utilização de amilose como substrato. *The Journal ofBiochemistry*, *41*(5), 583-603.

Gangadharan, D., Sivaramakrishnan, S., Nampoothiri, K. M., Sukumaran, R. K., & Pandey, A. (2008). Metodologia de superfície de resposta para a otimização da produção de alfa-amilase por *Bacillus amyloliquefaciens*. *Bioresource Technology*, *99*(11), 4597-4602.

Geiser, D. M., Samson, R. A., Varga, J., Rokas, A., & Witiak, S. M. (2008). Uma revisão da filogenética molecular em *Aspergillus*, e perspectivas para uma filogenia robusta de todo o género. Em J. Varga & R. A. Samson (Eds.), *Aspergillus in the Genomic Era* (1ª ed., pp. 17-32). Wageningen: Wageningen Academic Publishers.

Gowthaman, M. K., Krishna, C., & Moo-Young, M. (2001). Fungal solid state fermentation - an overview. *Applied Mycology and Biotechnology*, *1*, 305-352.

Gupta, R., Gigras, P., Mohapatra, H., Goswami, V. K., & Chauhan, B. (2003). Microbial a-amylases: a biotechnological perspective. *Process Biochemistry*, *38*(11), 1599-1616.

Haasum, I., Eriksen, S. H., Jensen, B., & Olsen, J. (1991). Crescimento e produção de glucoamilase pelo fungo termofílico *Thermomyces lanuginosus* num meio sintético. *Applied Microbiology and Biotechnology*, *34*(5), 656-660.

Hang, Y. D., & Woodams, E. E. (1998). Produção de ácido cítrico a partir de espigas de milho por *Aspergillus niger*. *Bioresource Technology*, *65*(3), 251-253.

Hassaïne, O., Zadi - Karam, H., & Karam, N.-E. (2014). Otimização estatística da produção de ácido lático pela estirpe *Lactococcus lactis*, utilizando o desenho experimental composto central. *Jornal Africano de Biotecnologia*, *13*(45), 4259-4267.

Hassan, H., & Karim, K. A. (2015). Otimização da produção de alfa amilase a partir de palha de arroz usando fermentação em estado sólido de *Bacillus subtilis*. *Revista Internacional de Ciência, Meio Ambiente e Tecnologia*, *4*(1), 1-16.

Heinen, W., & Lauwers, A. M. (1975). Atividade e estabilidade da amilase a alta e baixa temperatura dependendo do cálcio e de outros catiões divalentes. *Experientia Supplementum*, *26*, 77.

Holker, U., Hofer, M., & Lenz, J. (2004). Vantagens biotecnológicas da fermentação em estado sólido à escala laboratorial com fungos. *Microbiologia Aplicada e Biotecnologia*, *64*(2), 175-186.

Holker, U., & Lenz, J. (2005). Fermentação em estado sólido - Existem vantagens biotecnológicas? *Current Opinion in Microbiology*, *8*(3), 301-306.

Hollo, J., & Szeitli, J. (1968). A reação do amido com iodo. Em J. A. Rodley (Ed.), *Starch and its derivatives* (4ª ed, pp. 203-246). Chapman & Hall.

Huang, S. V., Wang, H. H., Wei, C., Malanes, G. U., & Tanner, R. D. (1985). Respostas cinéticas do processo de fermentação em estado sólido de Koji. Em A. Wiseman (Ed.), *Topics in Enz yme and Fermentation Technology* (pp. 88 - 108). Chichester: Ellis Horwood Ltd.

Illanes, A. (2008). Produção de enzimas. Em A. Illanes (Ed.), *Enzyme Biocatalysis: Principles and Applications* (*Princípios e Aplicações)* (p. 397). Springer Nova Iorque.

Irfan, M., Nadeem, M., & Syed, Q. (2012). Otimização de meios para a produção de amilase na fermentação em estado sólido de farelo de trigo por estirpes de fungos. *Jornal de Biologia Celular e Molecular*, *10*(1), 55-64.

Irshad, M., & Sharma, C. B. (1986). Determinação da a-amilase na presença de a-amilase,. *Indian Journal of Biochemistry and Biophysics*, *23*, 288.

Jia, J., Yang, X., Wu, Z., Zhang, Q., Lin, Z., Guo, H., ... Wang, Y. (2015). Otimização do meio de fermentação para produção de lipase extracelular de *Aspergillus niger* usando Metodologia de Superfície de Resposta. *Biomed Research International*, *2015*, 1-8.

Johnson, F. S., Obeng, A. K., & Asirifi, I. (2014). Produção de amilase por fungos isolados do local de processamento de mandioca. *Jornal de Investigação em Microbiologia e Biotecnologia*, *4*(4), 23-30.

Kalaiarasi, K., & Parvatham, R. (2013). Otimização dos parâmetros do processo para a produção de α-amilase sob fermentação em estado sólido por *Aspergillus awamori* MTCC 9997. *Jornal de Pesquisa Científica e Industrial*, *7*(45), 5166-5177.

Kammoun, R., Naili, B., & Bejar, S. (2008). Aplicação de um desenho estatístico à otimização de parâmetros e meio de cultura para a produção de α-amilase por *Aspergillus oryzae* CBS 819.72 cultivado em papa (subproduto da moagem de trigo). *Bioresource Technology*, *99*(13), 5602-5609.

Kathiresan, K., & Manivannan, S. (2006). Produção de amilase por *Penicillium fellutanum* isolado de solo de rizosfera de mangue. *Jornal Africano de Biotecnologia*, *5*, 829-832.

Kaur, G., Kumar, S., & Satyanarayana, T. (2004). Produção, caraterização e aplicação de uma poligalacturonase termoestável de um bolor termofílico *Sporotrichum thermophile Apinis*. *Bioresource Technology*, *94*, 239-243.

Khan, J. A., & Yadav, S. K. (2011). Produção de alfa amilases por *Aspergillus niger* usando substratos mais baratos empregando fermentação em estado sólido. *Revista Internacional de Ciências Vegetais, Animais e Ambientais*, *1*(3), 100-108.

Khuri, A. I., & Mukhopadhyay, S. (2010). Response surface methodology. *Wiley Interdisciplinary Reviews*

Khusro, A. (2015). Abordagem estatística para a otimização de variáveis independentes na produção de protease alcalino-termo-estável da estirpe BIHPUR 1040 de *Bacillus Licheniformis*. *Revista Eletrónica de Biologia*, *11*(3), 93-97.

Knapp, J. S., & Howell, A. J. (1988). Fermentação com substrato sólido. Em A. Wiseman (Ed.), *Topics in Enzyme and Fermnerntation Biotechnology* (1ª ed., pp. 85-143). Chichester: Ellis Horwood Ltd. http://doi.org/Chronic regurgitação mitral isquémica. Resultados actuais do tratamento e novas abordagens cirúrgicas baseadas em mecanismos^

Konsoula, Z., & Liakopoulou-Kyriakides, M. (2007). Coprodução de a-amilase e B-galactosidase por *Bacillus subtilis* em substratos orgânicos complexos. *Bioresource Technology*, *98*(1), 150-157.

Konsoula, Z., & Liakopoulou-Kyriakides, M. (2007). Coprodução de alfa-amilase e beta-galactosidase por *Bacillus subtilis* em substratos orgânicos complexos. *Bioresource Technology*, *98*, 150-157.

Krishna, C. (2005). Sistemas de fermentação em estado sólido - uma visão geral. *Revisões Críticas em Biotecnologia*, *25*(1-2), 1-30.

Krishna, C., & Nokes, S. E. (2001). Previsão do desempenho do inóculo vegetativo para maximizar a produção de fitase na fermentação em estado sólido utilizando a metodologia de superfície de resposta. *Journal of Industrial Microbiology & Biotechnology*, *26*, 161-170.

Kunamneni, A., Kumar, K. S., & Singh, S. (2005). Abordagem metodológica da superfície de resposta para otimizar os parâmetros nutricionais para aumentar a produção de amilase em fermentação em estado sólido por Thermomyces lanuginosus. *Jornal Africano de Biotecnologia*, *4*(7), 708-716.

Kuno, H., & Kihara, H. K. (1967). Micro-ensaio simples de proteínas com filtro de membrana. *Nature, 215*(104), 974-975.

Leck, A. (1999). Úlcera da córnea: Apêndice Preparação de Lactofenol. *Saúde Ocular Comunitária, 12*(30), 1999.

Levin, L., Herrmann, C., & Papinutti, V. L. (2008). Otimização da produção de enzimas lignocelulolíticas pelo fungo de podridão branca *Trametes trogii* em fermentação em estado sólido utilizando a metodologia de superfície de resposta. *Biochemical Engineering Journal, 39*(1), 207-214.

Liu, M. Q., Liu, G. F., Dai, X. J., & Hu, A. Y. (2010). Otimização das condições de fermentação em estado sólido para a produção de pectinase por *Aspergillus oryzae* utilizando a metodologia de superfície de resposta e as suas propriedades enzimáticas. *Journal of China Univversity of Metrol, 21*, 140-150.

Lokeswari, N. (2010). Otimização estatística de variáveis experimentais associadas à produção de alfa amilases por *Bacillus subtilis* utilizando resíduos agro-residuais de banana em fermentação em estado sólido. *Rasayan Journal of Chemistry, 3*(1), 172-178.

Lonsane, B. K., Ghildyal, N. P., Budiatman, S., & Ramakrishna, S. V. (1985). Aspectos de engenharia da fermentação em estado sólido. *Enzyme and Microbial Technology, 7(6),* 258-265.

Lonsane, B. K., & Ramesh, M. V. (1990). Production of Bacterial Thermostable a- Amylase by Solid-State Fermentation: A Potential Tool for Achieving Economy in Enzyme Production and Starch Hydrolysis. *Avanços em Microbiologia Aplicada, 35*, 1-56.

Mamantha, J., Suresh, V., Vedamurthy, A., Shilpi, B., & Shruthi, S. . (2012). Produção de uma a-amilase de *Apsergillus flavus* sob fermentação em estado sólido com condições óptimas. *International Reserch Journal of Pharmacy, 3*(8), 135140.

Manonmani, H. K., & Kunhi, A. A. M. (1999). Interferência de compostos de tiol no ensaio da atividade de dextrinização da a-amilase por reação de cor amido-iodo: modificação do método para eliminar esta interferência. *World Journal of Microbiology and Biotechnology, 15*, 485-48 7.

Mattey, M. (1992). The Production of Organic Acids. *Revisões Críticas em Biotecnologia, 12*(1-2), 87-132.

Meijer, S., Nielsen, M. L., Olsson, L., & Nielsen, J. (2009). A deleção do gene do ATP citosólico: Citrato liase leva a uma produção alterada de ácido orgânico em *Aspergillus niger*. *Journal of Industrial Microbiology and Biotechnology*, *36*(10), 1275-1280.

Mienda, B. S., Idi, A., & Umar, A. (2011). Características microbiológicas da fermentação em estado sólido e suas aplicações - Uma visão geral. *Investigação em Biotecnologia*, *2*(6), 21-26.

Miller, G. L. (1959). Utilização do reagente de ácido dinitrosalicílico para a determinação de açúcar redutor. *Analytical Chemistry*, *31*(lll), 426-428.

Mishra, R. S., & Maheshwari, R. (1996). Amilases do fungo termofílico *Thermomyces lanuginosus*: A sua purificação, propriedades, ação sobre o amido e resposta ao calor. *Journal of Biosciences*, *21*(5), 653-672.

Montgomery, D. C. (2013). *Projeto e Análise de Experimentos* (8ª ed.). New Jersey: John Wiley & Sons, Inc.

Moo-Young, M., Moreira, A. R., & Tengedy, P. R. (1983). Princípios da fermentação em estado sólido. Em J. E. Smith, D. R. Berry, & B. Kristiansen (Eds.), *Fungal Technology of Filamentous Fungi* (p. 117-144.). E. Arnold. http://doi.org/Chronic regurgitação mitral isquémica. Resultados do tratamento atual e novas abordagens cirúrgicas baseadas em mecanismos.

Moraes, L. M. P. de, Astolfi-Filho, S., & Ulhoa, C. J. (1999). Puricação e algumas propriedades de uma proteína de fusão α-amilase glucoamilase de *Saccharomyces cerevisiae*. *World Journal of Microbiology and Biotechnology*, *15*, 561-564.

Murao, S., Ohyama, K., & Ad, M. (1979). a-Amilases de *Bacillus polymyxa*. *Agricultural and Biological Chemistry*, *43*, 719. http://doi.org/Chronic regurgitação mitral isquémica. Resultados do tratamento atual e novas abordagens cirúrgicas baseadas em mecanismos.

Murthy, R. M. V., Karanth, N. G., & Raghava Rao, K. S. M. S. (1993). Biochemical engineering aspects of solid-state fermentation (Aspectos de engenharia bioquímica da fermentação em estado sólido). *Avanços em Microbiologia Aplicada*, *38*, 99-147.

Mussatto, S. I., Ballesteros, L. F., Martins, S., & Teixeira, J. A. (2012). Utilização de resíduos Agroindustriais em processos de fermentação em estado sólido. Em K.-Y. Show (Ed.), *Industrial Waste* (1ª ed., p. 274). Shanghai: INTECH.

Myers, R. H., Montgomery, D. C., & Anderson - Cook, C. M. (2009). *Metodologia de superfície de resposta: otimização de processos e produtos utilizando experiências concebidas.* (3ª ed.). New Jersey: John Wiley and Sons Inc., Publicação.

Nagel, F. J. J. I., Tramper, J., Bakker, M. S. N., & Rinzema, A. (2001). Modelo para o controlo online do teor de humidade durante a fermentação em estado sólido. *Biotechnology and Bioengineering, 72*(2), 231-243.

Najafi, M. F., & Kembhavi, A. (2005). Purificação e caraterização num só passo de uma α-amilase extracelular de Vibrio sp. marinho. *Enzyme and Microbial Technology, 36*(4), 535-539.

Nandakumar, M. P., Thakur, M. S., Raghavarao, K. S. M. ., & Ghildyal, N. P. (1994). Mecanismo de degradação de partículas sólidas por Aspergillus niger em fermentação em estado sólido. *Process Biochemistry, 29*, 545-551.

Nigam, P., & Singh, D. (1994). Sistemas de fermentação em estado sólido (substrato) e suas aplicações em biotecnologia. *Journal of Basic Microbiology, 34*(6), 405-423.

Nyamful, A., Moses, E., Ankudey, E. ., & Woode, M. . (2014). Fermentação em estado sólido de Aspergillus niger MENA1E e Rhizopus MENACO11A para produção de glucoamilase em resíduos agrícolas. *Revista Internacional de Publicações Científicas e de Investigação, 4*(6), 5-8.

Ogbonna, A. I., Onwuliri, F. C., & Ogbonna, C. I. C. (2015). Resposta de crescimento e atividade amilolítica de duas espécies de Aspergillus isoladas de Artemisia annua L . Solos de plantação. *Journal of Academia and Industrial Research, 3*(10), 456-462.

Oikawa, A. (1959). O papel do cálcio na Taka-amilase A. II. A reação de troca de Ca. *Journal of Biochemistry, 46*, 463.

Okoko, F. J., & Ogbomo, O. (2010). Propriedades amilolíticas de fungos associados à deterioração do pão. *Jornal Continental de Microbiologia, 4*, 1-7.

Okolo, B. N., Ezeogu, L. I., & Mba, C. N. (1995). Produção de amilase digestora de amido cru por *Aspergills niger* cultivado em fontes de amido nativo. *Journal of the Science of Food and Agriculture, 69*(1965), 109-15.

Olsen, H. S., & Falholt, P. (1998). O papel das enzimas na detergência moderna. *Journal of Surfactants and Detergents, 1*(4), 555-567.

Oriol, E., Raimbault, M., Roussos, S., & Viniegra-gonzales, G. (1988). Água e atividade da água na fermentação em estado sólido do amido de mandioca por *Aspergillus niger*. *Applied Microbiology and Biotechnology, 27,* 498-503.

Oyedeji, F. N. (2016). Propriedades amilolíticas de fungos associados à deterioração do pão. *Academia Arena, 8*(3), 62-66.

Pandey, A. (1991). Effect of particle size of substrate of enzyme production in solidstate fermentation (Efeito da dimensão das partículas do substrato na produção de enzimas em fermentação em estado sólido). *Bioresource Technology, 37*(2), 169-172.

Pandey, A. (1992). Desenvolvimentos recentes de processos de fermentação em estado sólido. *Process Biochemistry, 27*(2), 109-117.

Pandey, A., Selvakumar, P., Soccol, C. R., & Nigam, P. (1999). Solid state fermentation for the production of industrial enzymes (Fermentação em estado sólido para a produção de enzimas industriais). *Current Science, 77*(1), 149-162.

Pandey, A., Soccol, C. R., & Mitchell, D. (2000). Novos desenvolvimentos na fermentação em estado sólido: I-bioprocessos e produtos. *Process Biochemistry, 35*(10), 11531169.

Papagianni, M. (2004). Morfologia fúngica e produção de metabolitos em processos miceliais submersos. *Biotechnology Advances, 22*(3), 189-259.

Poddar, A., Ghara, T. K., & Jana, S. C. (2012). Otimização metodológica da superfície de resposta da condição de produção de amilase B hipertermestável de *Bacillus subtilis* DJ5 sob fermentação em estado sólido usando cevada como substrato. *International Journal of Pharma and Bio Sciences, 3*(2), 9-19.

Prajapati, V. S., Trivedi, U. B., & Patel, K. C. (2015). Uma abordagem estatística para a produção de alfa-amilase termoestável e alclofílica de *Bacillus amyloliquefaciens* KCP2 sob fermentação em estado sólido. *3 Biotech, 5*(39), 211220.

Prakash, O., & Jaiswal, N. (2010). a-Amilase: An ideal representative of thermostable enzymes. *Applied Biochemistry and Biotechnology, 160*(8), 2401-2414.

Raimbault, M. (1998). Aspectos gerais e microbiológicos da fermentação de substratos sólidos. *Revista Eletrónica de Biotecnologia, 1*(3), 114-140.

Rajagopalan, G., & Krishnan, C. (2008). Produção de α-amilase a partir de Bacillus subtilis

KCC103 deprimido por catabolito, utilizando hidrolisado de bagaço de cana-de-açúcar. *Bioresource Technology, 99*, 3044-3050.

Raper, K. B., & Fennel, D. I. (1965). *O Género Aspergillus* (1ª ed.). Baltimore, EUA: Williams and Wilkings Company.

Reddy, L. V. A., Wee, Y. J., Yun, J. S., & Ryu, H. W. (2008). Otimização da produção de protease alcalina por cultura em lote de *Bacillus* sp. RKY3 através de Plackett-Burman e abordagens metodológicas de superfície de resposta. *Bioresource Technology, 99*(7), 2242-2249.

Reddy, N. S., Nimmagadda, A., & Rao, K. R. S. S. (2003). An overview of the microbial α - amylase family. *Jornal Africano de Biotecnologia, 2*(12), 645-648.

Regulapati, R., Malav, P. N., & Gummadi, S. N. (2007). Produção de α-amilases termoestáveis por fermentação em estado sólido - Uma revisão. *American Journal of Food Technology, 2*(1), 1-11.

Renge, V. C., Khedkar, S. V, & Nandurkar, N. R. (2012). Síntese de enzimas pelo método de fermentação: uma revisão. *Revisões Científicas e Comunicações Químicas, 2*(4), 585-590.

Robinson, T. J., Wulff, S. S., Montgomery, D. C., & Khuri, A. I. (2006). Robust parameter design using generalized linear mixed models. *Journal of Quality Technology, 38*(1), 65-75.

Rosas, R. P., & Guerra, N. P. (2009). Otimização da produção de amilase por Aspergillus niger em fermentação em estado sólido utilizando bagaço de cana-de-açúcar como material de suporte sólido. *World Journal ofMicrobiology & Biotechnology, 25*(11), 1929-1939.

Roslan, N. F. H. B. (2012). *Produção e otimização de amilase e celulase degradadoras de amido cru na fermentação em estado sólido (SSF) de resíduos agrícolas por Aspergillus spp.* UNIVERSITI MALAYSIA SARAWAK.

Ruban, P., Sangeetha, T., & Indira, S. (2013). Resíduos de amido como substrato para a produção de amilase por isolados de efluentes de sagu Bacillus subtilis e Aspergillus niger. *American -Eurasian Journal of Agric and Environmental Science, 13*(1), 27-31.

Ruijter, G. J. G., van de Vondervoort, P. J. I., & Visser, J. (1999). Produção de ácido oxálico por *Aspergillus niger*: um mutante não produtor de oxalato produz ácido cítrico a ph 5 e na presença de manganês. *Microbiology*, *145*(1999), 25692576.

Sajjad, M., & Choudhry, S. (2012). Efeito do amido contendo substratos orgânicos na produção de alfa amilase em *estirpes de Bacillus*. *Jornal Africano de Investigação em Microbiologia*, *6*(45), 7285-7291.

Sakthi, S. S., Kanchana, D., Saranraj, P., & Usharani, G. (2012). Avaliação da atividade de amilase dos fungos amilolíticos *Aspergillus niger* utilizando mandioca como substrato. *International Journal ofApplied Microbiology Science*, *1*, 24-34.

Saranraj, P., & Stella, D. (2013). Amilase fúngica - uma revisão. *Revista Internacional de Investigação Microbiológica*, *4*(2), 203-211.

Schuster, E., Dunn-Coleman, N., Frisvad, J., & Van Dijck, P. (2002). Sobre a segurança de Aspergillus niger - Uma revisão. *Applied Microbiology and Biotechnology*, *59*(4-5), 426-435.

Sethi, S., & Gupta, S. (2015). Isolamento, caraterização e otimização das condições culturais para a produção de amilase a partir de fungos. *Journal ofGlobal Biosciences*, *4*(9), 3356-3363.

Shankar, T., Sathees, R., & Anandapandian, K. T. K. (2015). Otimização estatística para produção de etanol por Saccharomyces cerevisiae (MTCC 170) usando Metodologia de Superfície de Resposta. *Jornal de Avanço em Ciências Médicas e da Vida, 2*(3), 6-10.

Siddique, F., Hussain, I., Mahmood, M. S., Ahmad, S. I., Rafique, A., & Iqbal, A. (2014). Descrição da Alfa Amilase produzida a partir de *Aspergillus niger*. *Pakistan Journal of Scinece*, *66*(2), 140-146.

Sindiri, M. K., Machavarapu, M., & Vangalapati, M. V. (2013). Produção e purificação de α -Amilase utilizando casca de laranja fermentada em fermentação em estado sólido por *Aspergillus niger*. *Indian Journal of Applied Research*, *3*(8), 49-51.

Sivaramakrishnan, S., Gangadharan, D., Nampoothiri, M. K., Soccol, C. R., & Pandey, A. (2006). Apha- amylase from microbial sources - An overview and recent developments. *Food Technology and Botechnology*, *44*(2), 173-184.

Soccol, C. R., & Vandenberghe, L. P. S. (2003). Panorama da fermentação em estado sólido aplicada no Brasil. *Revista de Engenharia Bioquímica*, *13*(2-3), 205-218.

Stanley, D., Farnden, K. J. F., & MacRae, E. a. (2005). Plant α-amylases: Funções e papéis no metabolismo dos hidratos de carbono. *Biologia*, *60*, 65-71.

Suganthi, R., Benazir, J. F., Santhi, R., Kumar, R., Hari, A., Meenakshi, N., ... Lakshmi, R. (2011). Produção de amilase por *Aspergillus niger* em fermentação em estado sólido utilizando resíduos agro-industriais. *International Journal of Engineering Science and Technology, 3*(2), 1756-1763.

Sun, J. L., Liang, X. H., Zeng, J., Li, G. L., & Zhao, R. X. (2011). Metodologia de superfície de resposta para a otimização da produção de α-Amilase por *Bacillus subtilis* ZJF-1A5. *Pesquisa de Materiais Avançados, 236-238,* 2323-2326.

Sundarram, A., & Murthy, T. P. K. (2014). Produção e aplicações de α -Amilase: Uma revisão. *Jornal de Microbiologia Aplicada e Ambiental, 2*(4), 166-175.

Tamilarasan, K., Muthukumaran, C., & Kumar, M. D. (2012). Aplicação da metodologia de superfície de resposta para a otimização da produção de amilase por *Aspergillus oryzae* MTCC 1847. *Jornal Africano de Biotecnologia, 11*(18), 4241-4247.

Tanyildizi, M. S., Selen, V., & Ozer, D. (2009). Otimização da produção de α-amilase na fermentação de substrato sólido. *Canadian Journal of Chemical Engineering, 87*(3), 493-498.

Então, C., Wai, O. K., Elsayed, E. A., Mustapha, W. Z. W., Othman, N. Z., Aziz, R., Enshsay, H. A. El. (2016). Comparação entre abordagens clássicas e estatísticas de otimização média para produção em massa de células altas de Azotobacter Vinelandii. *Jornal de Pesquisa Científica e Industrial, 75* (abril), 231-238.

Tiwari, S., Srivastava, R., Singh, C., Shukla, K., Singh, P., Singh, R., Sharma, R. (2015). Amylses: Uma visão geral com referência especial à alfa amilase. *Journal of Global Bioscinces, 4*(1), 1886-1901.

Trilli, A. (1986). Scale up of fermentation. Em A. L. Demain & N. A. Solomon (Eds.), *Industrial Microbiology and Biotechnology* (1ª ed., pp. 227-307). Washington: Sociedade Americana de Microbiologia.

Uguru, G. C., Akinyanju, J. A., & Sani, A. (1997). A utilização da casca de inhame para o crescimento de Aspergillus niger isolado localmente e para a produção de amilase. *Enzyme and Microbial Technology, 21*(1), 48-51.

Ul-Haq, I., Javed, M. M., Hameed, U., & Adnan, F. (2010). Estudos cinéticos e termodinâmicos de alfa amilase de Bacillus licheniformis mutante. *Pakistan Journal ofBotany, 42*(5), 3507-3516.

Vaidya, S., Srivastava, P. ., Rathore, P., & Pandey, A. . (2015). Amilases: A prospective enzyme in the field of biotechnology. *Journal of Applied Bioscience, 41*(1), 1-18.

Vallee, L. B., Stein, A. E., Summerwell, N. W., & Fischer, H. E. (1959). Conteúdo metálico de a-Amilases de várias origens. *The Journal of Biological Chemistry, 234*(11), 2901-2905.

van der Maarel, M. J. E. C., van der Veen, B., Uitdehaag, J. C. M., Leemhuis, H., & Dijkhuizen, L. (2002). Properties and applications of starch-converting enzymes of the alpha-amylase family. *Journal of Biotechnology, 94*(2), 137-155.

Vidyalakshmi, R., Paranthaman, R., & Indhumathi, J. (2009). Produção de amilase em fermentação submersa por Bacillus spp. *World Journal of Chemistry, 4*(1), 8991.

Vihinen, M., & Mantsiila, P. (1989). Microbial amylolytic enzymes. *Critical Reviews in Biochemistry and Molecular Biology, 24*(4), 321-334.

Vishnu, T. S., Soniyamby, A. R., Praveesh, B. V., & Hema, T. A. (2014). Produção e otimização de amilase extracelular do solo que recebe resíduos de cozinha isolados Bacillus sp. VS 04. *Revista Mundial de Ciências Aplicadas, 29*(7), 961-967.

Wang, N. S. (2012). Ensaio de glicose.pdf.

Windish, W. W., & Mhatre, N. S. (1965). Microbial amylases. *Microbiological Sciences, 7,* 273-304.

Wong, D., Batt, S., & Robertson, G. (2000). Microensaio para o rastreio rápido da atividade da alfa-amilase. *Journal of Agricultural and Food, 4,* 4540-3.

Xiao, Z., Storms, R., & Tsang, A. (2006). Um método quantitativo de amido-iodo para medir as actividades da alfa-amilase e da glucoamilase. *Analytical Biochemistry, 351*(iv), 146-148.

Yadav, J. S. (1987). Influência da suplementação nutricional na fermentação em substrato sólido de palha de trigo com um fungo alcalifílico de podridão branca (Coprinus sp.). *Applied Microbiology and Biotechnology, 26*(5), 474-478.

Yoo, Y. J., Hong, J., & Hatch, R. T. (1987). Comparação das actividades de a - Amilase de diferentes métodos de ensaio. *Biotecnologia e Bioengenharia, XXX,* 147-151.

Apêndices

A. Ágar dextrose de batata (PDA)

PDA (Sigma - Aldrich) - 7,8 g

Volume final e água destilada - 200

B. Preparação do reagente de biureto

Sulfato de cobre (II) - 0,375   gTartarato de sódio e   potássio - 1,5 g

Hidróxido de sódio (W/V) (10%) - 75 ml Iodeto de potássio - 0,25 g

Água destilada - 250 ml   (Gornall et al., 1949).

Conservar em frasco de plástico num local escuro

C. Preparação do reagente DNS

Ácido dinitrosalicílico - 0,5 g

Hidróxido de sódio (2N) - 10 ml

Tartarato de sódio e potássio - 15 g

Diluir com água destilada até ao volume final de 50 ml

Conservar em frasco âmbar num local escuro

D. Tampão fosfato 0,1M (pH 6,9)

A : KH_2PO_4 - 342,5 ml

B : K_2HPO_4 - 157,5 ml

Volume final e água destilada - 1 litro

E. Solução de amido a 1%

Amido solúvel -1g

Tampão fosfato 0,02 M (pH 6,9) - 100 ml com NaCl 0,006 M

I want morebooks!

Buy your books fast and straightforward online - at one of world's fastest growing online book stores! Environmentally sound due to Print-on-Demand technologies.

Buy your books online at
www.morebooks.shop

Compre os seus livros mais rápido e diretamente na internet, em uma das livrarias on-line com o maior crescimento no mundo! Produção que protege o meio ambiente através das tecnologias de impressão sob demanda.

Compre os seus livros on-line em
www.morebooks.shop

Printed by Books on Demand GmbH, Norderstedt / Germany